商業自動化
Commerce Automation

周春芳◎編著

五南圖書出版公司 印行

自 序

　　近年來，我國經濟在自由化及國際化的潮流下，經濟發展朝開放及多元化發展。在這個開放及多元化的大環境裡，孕育著商業發展的種種變革。流通業在現代化過程中，迎戰著國內外多面的競爭，在商機無限的市場上，鏖戰之聲此起彼落。

　　因應這些變革，民國80年起，經濟部開始推動商業自動化及現代化，在流通業現代化腳步中注入一劑強心針及催化針。民國82年起，教育部將商業自動化人才培育納入重點工作，商業現代化相關議題逐漸成為國內技專校院商管系所必修之課程，部分學院並設計商業自動化學程，積極為企業培育符合營運需求之商業自動化人才。

　　歷經十餘年之推波助瀾，商業自動化在國內產學界之發展已建立相當厚實的基礎，並且不斷深化與普及化。本書的編撰主要定位在大專校院商業自動化及流通管理相關課程之教材，因應現世代學子對商業活動及經營知識之認知及視野普遍提升，編輯內容及方式採取深入淺出方式，除一方面介紹商業自動化基本觀念、定義及相關應用系統等「技術面」環節，另方面亦嘗試闡釋這些概念、系統與經營管理之關聯性，提供學子更完整的學習介面，並與生活見聞建立更密切之連結。

　　除了作為大專教材，本書內容涵括的層面及陳述方式亦相當適合提供流通產業作業階層入門學習及管理階層精進學習之完整讀本。

　　台灣已經邁入服務經濟時代，隨著服務產業之成長，商業現代化已成為支撐服務經濟之基礎建設，對於體質相對較好，而產業比重相當高之流通產業而言，整體生產力及服務品質之提升必為產業成長之絕對因素，本書的編撰希冀能在這個躍升的過程之中，略盡棉薄之力！

周春芳
96年6月

目　錄

自　序

第一章　商業自動化概論

緣　起		3
第一節	商業的意義	4
1-1	商業的意義　4	
1-2	商業的種類　7	
第二節	現代化商業經營環境特色	8
2-1	現代化商業環境之形成背景　8	
2-2	現代化商業經營環境特色　10	
第三節	商業自動化內涵	11
第四節	商業自動化內容	15
第五節	商業自動化之生活應用	15
第六節	商業自動化發展趨勢	17
§討論問題§		19

第二章　商品條碼

第一節	前　言	23
1-1	條碼與商業現代化　23	

第二節　條碼的起源及相關組織　　　　　23

第三節　商品條碼簡介　　　　　　　　　25

3-1　商品條碼的意義　25

3-2　條碼種類　25

3-3　商品條碼結構　29

3-4　條碼設備　32

3-5　商品條碼印製作業流程　34

3-6　條碼符號的基本尺寸　35

3-7　條碼符號的倍率　35

3-8　條碼符號的顏色　36

3-9　條碼的印刷位置　36

第四節　商品條碼之應用效益　　　　　　38

第五節　商品條碼之應用　　　　　　　　40

5-1　商品條碼在生產自動化的應用　40

5-2　商品條碼在資訊網路的應用　41

5-3　商品條碼在倉儲物流的應用　42

5-4　商品條碼在服務業的應用　42

5-5　商品條碼在產品生產履歷的應用　42

第六節　RFID條碼之應用　　　　　　　43

6-1　RFID之功能　43

6-2　RFID之應用　44

6-3　RFID之應用效益　49

§ 討論問題 §　　　　　　　　　　　　50

第三章　賣場管理

第一節　賣場規劃　53

1-1　什麼是賣場？　53

1-2　賣場構成要素　54

1-3　賣場規劃原則　56

第二節　賣場規模之決定　59

第三節　賣場規劃要點　60

3-1　店觀　60

3-2　視覺區　61

3-3　展示面　62

3-4　自助服務區　63

3-5　其他內部規劃項目　64

第四節　顧客動線規劃　66

4-1　動線意義　66

4-2　動線規劃的要領　66

4-3　動線規劃的效益　67

第五節　商品配置規劃　68

§ 討論問題 §　74

第四章　銷售點管理系統（POS）

第一節　何謂POS？　77

1-1　POS系統之定義　77

1-2　POS系統架構　77

第二節　POS系統之配備　　　　　　　　　　　　78

第三節　POS系統之功能　　　　　　　　　　　　84

第四節　POS系統導入之程序　　　　　　　　　　88

第五節　POS系統之效益　　　　　　　　　　　　95

第六節　POS系統應用實例　　　　　　　　　　　97

§討論問題§　　　　　　　　　　　　　　　　102

第五章　電子資料交換（EDI）與加值網路（VAN）

第一節　前　言　　　　　　　　　　　　　　　105

第二節　EDI之定義與背景　　　　　　　　　　　105

第三節　EDI之作業程序　　　　　　　　　　　　109

第四節　EDI訊息的設計　　　　　　　　　　　　111

第五節　EDI發展組織及其沿革　　　　　　　　　113

第六節　EDI之效益　　　　　　　　　　　　　　116

第七節　加值網路（VAN）　　　　　　　　　　　119

　　7-1　何謂加值網路（VAN）？　119

　　7-2　VAN的架構層次　120

第八節　EDI應用成功案例　　　　　　　　　　　123

　　案例一　英業達集團　123

　　案例二　新竹貨運　126

§ 討論問題 §　　　　　　　　　　　　　　　　　　128

第六章　電子訂貨系統（EOS）

前　言　　　　　　　　　　　　　　　　　　　　131

第一節　何謂電子訂貨系統（EOS）？　　　　　　131

第二節　EOS的下單／接單作業　　　　　　　　　132

第三節　EOS的訂貨作業　　　　　　　　　　　　134

第四節　EOS之配備　　　　　　　　　　　　　　136

第五節　導入EOS之準備工作　　　　　　　　　　137

第六節　EOS應用效益　　　　　　　　　　　　　138

第七節　EOS成功案例　　　　　　　　　　　　　139

　　案例一　寶島眼鏡　139

　　案例二　吉甫國際股份有限公司　141

§ 討論問題 §　　　　　　　　　　　　　　　　　　142

第七章　物流自動化

前　言　　　　　　　　　　　　　　　　　　　　145

第一節　物流之意義　　　　　　　　　　　　　　145

第二節　物流管理之挑戰　　　　　　　　　　　　147

第三節 物流中心之型態   149

第四節 物流中心的作業內容   151

第五節 物流中心之規劃   156

第六節 物流中心之訂單處理   157

     6-1 訂單處理的課題   157

     6-2 物流中心與零售商的訂單流程   158

     6-3 相關的物流及資訊系統   159

     6-4 訂單處理作業   164

第七節 物流中心之訂單管理   164

     7-1 訂單進度追蹤   165

     7-2 訂單異動處理   167

     7-3 訂單資料商流分析   169

第八節 揀貨系統（Picking System）   170

     8-1 揀貨系統的基本概念與應用   170

     8-2 電腦輔助揀貨系統（CAPS）   175

第九節 物流自動化成功案例——捷盟行銷物流中心   177

§ 討論問題   179

第八章　金流自動化

第一節 傳統金流運作模式   183

     1-1 企業金流價值鏈   183

     1-2 傳統金流作業瓶頸   184

第二節　網路金流發展歷程　185

2-1　專屬網路時期（1984～1994年）　186

2-2　加值網路時期（1994～1998年）　187

2-3　網際網路時期（1998年迄今）　189

第三節　網路金流的應用效益與障礙　193

3-1　網路金流的應用效益　193

3-2　網路金流的應用障礙　194

§ 討論問題 §　197

第九章　供應鏈管理

第一節　通路之變革　201

第二節　供應鏈管理策略　203

2-1　商業快速回應（Quick Response, QR）　204

2-2　有效顧客回應（Efficient Consumer Response, ECR）　215

2-3　自動補貨　217

§ 討論問題 §　218

第十章　顧客關係管理

第一節　行銷思潮的演進　221

第二節　顧客價值　224

第三節　顧客忠誠度　227

第四節　顧客關係管理應用技術　　229

　4-1　CRM之意義　229

　4-2　一對一行銷　230

第五節　CRM成功案例　　234

　案例一　Reapod Inc.　234

　案例二　Tesco plc.　237

　§討論問題§　　238

 附　錄　流通業相關證照及學程

 參考文獻

第 *1* 章

商業自動化概論

緣　起

第一節　商業的意義

　　1-1　商業的意義

　　1-2　商業的種類

第二節　現代化商業經營環境特色

　　2-1　現代化商業環境之形成背景

　　2-2　現代化商業經營環境特色

第三節　商業自動化內涵

第四節　商業自動化內容

第五節　商業自動化之生活應用

第六節　商業自動化發展趨勢

§討論問題§

緣　起

　　我國經濟政策早期以農業為主，至1963年邁向工業化發展，往後的二十年內，國內經濟以工業及貿易為主，在快速的經貿成長中，締造了經濟奇蹟。近年來隨著經濟的快速發展，國際經貿地位與國民所得的大幅提高，商業（含服務業）已逐漸興起。依據行政院主計處統計資料顯示，從生產結構來看，我國農業生產毛額占整體國內生產毛額比重從1981年占GDP的8.1%萎縮到2006年第一季的1.57%；工業從1981年的41.9%，減少至2006年第一季的24.1%；服務業則從1980年占GDP50%逐漸增加至2006年第一季的74.3%（行政院主計處，2006）。以通路擴張情形觀之，連鎖超商之領導企業統一超商2000年總店數2,000家，2006年7月成長至超過4,000家之規模；全家便利商店十年前僅有200家通路，十年後通路已擴張到1,860家，台灣經濟結構已明顯從工業為主調整至朝向服務業發展的趨勢。

　　商業的發展不僅攸關商品交易制度之建立、市場價格之形成，更涉及商業組織的健全、交易秩序的維持、商業道德的建立，以及消費者利益的維護等多方面的配合。由於我國經濟已進入轉型期，商業發展勢將成為今後經濟發展的重心，尤其在經濟自由化及國際化的潮流下，經濟發展將愈趨於開放及多元。然而，國內商業大部分仍以極傳統方式經營，不能隨經濟發展的階段性需求而提升，因而幾乎已成為整體經濟發展的瓶頸。此外，經濟的快速成長，雖促進商業的蓬勃興盛，但不可避免地亦出現違規商業活動氾濫的現象，不僅嚴重影響合法業者之正當經營權益，且違背賦稅之公平及有損政府的威信。因此，未來商業的發展極具關鍵性，如何妥善規劃推動健全的商業發展環境，配合現代科技的應用，發展自動化經營管理技術，以建立有效率的商業體系，促進商業現代化，實為當前重要課題之一。

第一節　商業的意義

1-1　商業的意義

在常見的產業分類中，一般將活動作如下區分：

一、初級產業（Primary Industries）

主要指農、林、漁、牧、礦等運用自然的資源和力量所轉換，來獲得產出的產業。

二、次級產業（Secondary Industries）

次級產業則是將初級產業中所獲得的原料或資源，再進一步地予以加工或製造，進而形成一些附加價值更高的產業。如製造業、營造業等均屬於次級產業。

三、三級產業（Tertiary Industries）

在社會交易與交換的活動中，除了實質產品的供給與消費外，更重要的是服務的提供，而服務業在產業的結構中，亦為不可缺少的部分，針對這種類型活動的供給者，稱之為三級產業。

四、四級產業（Quaternary Industries）

在資訊社會中，包含了資訊工業、知識工業、藝術工業及倫理工業等產業，此類產業稱之為四級產業。

廣義而言，三級產業與四級產業皆可視為商業之範圍，而就三級產業而言，其內容包括了分配性服務業、生產性服務業、消費者服務業及社會服務業，如圖1-1所示。就狹義的商業而言，商品、服務或資訊從製造商或供應者手中，經由交易、交換及運輸，傳遞或移轉至最終使用者手中的整體程序，稱之為商業。

「流通」之定義：為滿足顧客需求，而進行原物料儲存、在製品存貨、完成品及從生產者到消費者間相關作業流程及實體活動之過程。

由上述定義觀之，狹義的商業即流通業，涵括了批發、零售業，然一般較習慣以「流通業」稱之。

由於產業生態之變化，新興經營方式不斷出現，流通業的型態亦產生變革，如圖1-2所示為現存經濟環境中的商業活動範疇。圖1-3為商品流通之架構。

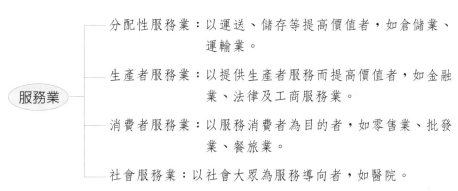

圖1-1 三級產業分類圖

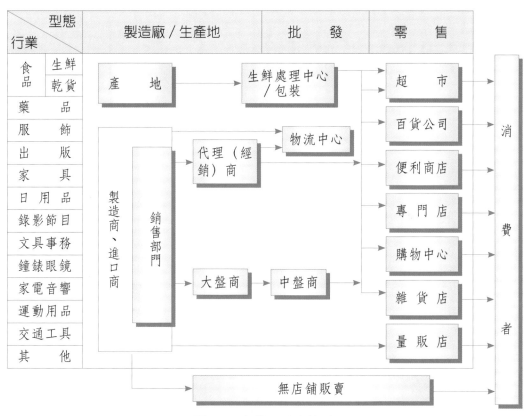

圖1-2 商業活動之範疇

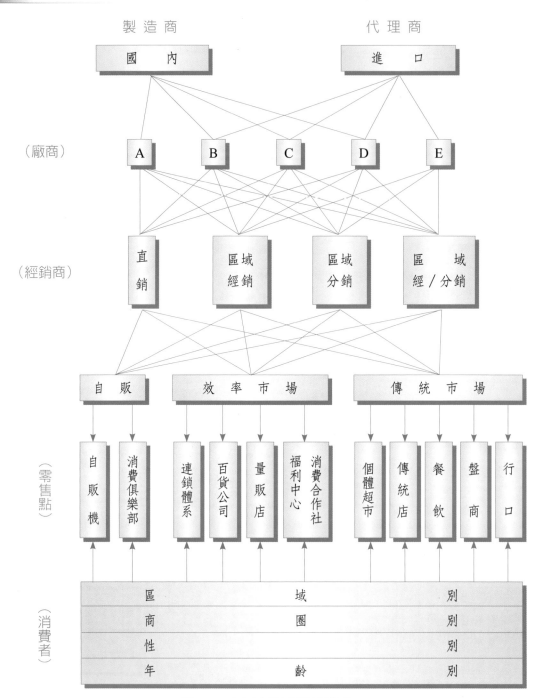

圖1-3　商品流通通路架構圖

1-2　商業的種類

前述狹義的商業包含了批發與零售業，傳統的經營方式在商業的變革下，新興型態不斷推陳出新。

1.傳統零售店（雜貨店）

資金小且獨立經營，賣場面積小。

2.超市

以地域性飲食與日用品為主要經營訴求。

3.百貨公司

屬於綜合民生消費型之零售業。

4.便利商店

主要提供消費者便利性需求及更長的服務時間，以生活必需品為主，組織型態走向連鎖。

5.專賣店

以提供特定商品為主要型態，如服飾店、藥房、眼鏡行等。

6.量販店

以進貨量大、價格大眾化加上大賣場自助式為主。

7.購物中心

由土地開發業者事先規劃，將零售、餐飲、服飾、娛樂等聚集在某一特定區域內之型態。結合購物、休閒及文化，為一多元功能之型態。

8.無店舖販賣

包括訪問行銷、電話行銷、電視行銷、郵購、網路行銷及自動販賣機等。

9. 物流中心

一種為有效達成商品流通之目標，結合軟硬體設備，達成商品進貨、儲存、加工、揀貨、分類及出貨功能的營運中心。

第二節　現代化商業經營環境特色

2-1 現代化商業環境之形成背景

現代化商業環境有其形成背景，包括消費者個體環境、經營環境及整體環境。茲簡述如後。

一、總體環境

1. 人口成長與轉型

人口成長趨緩、人口老化、人口素質提高。

2. 城鄉發展與生活圈建設

捷運、貨物轉運中心、大型購物中心。

3. 國際化、自由化與經貿政策

外資企業之挑戰、中外合資企業。

4. 資訊化社會

資訊流通加速商品流通。

5. 政府政策及法令

投資低減、低利融資、勞基法通用範圍擴大、公平交易法。

6. 社會運動及組織

環保團體、消基會。

7.傳統媒體的影響和轉變

大眾媒體→小眾媒體。

二、消費者個體環境

1.購買能力提高

教育、衛生保健、休閒支出增加。

2.生活型態改變

重視個性、品味、參與感、生態保育、回歸自然。

3.婦女就業與雙薪家庭

便利性需求、外食、花費在子女之預算提高。

4.家庭電子資訊化

Home Shopping。

三、經營環境

1.人工短缺及工資上漲

製造業勞工短缺（以自動化克服3K產業人力需求）。

2.地點難覓及地價高昂

立地條件、大賣場、商業區（減少庫存、強化物流）。

3.資訊科技發展

資訊科技成為企業新經營策略工具。

4.競爭白熱化

新業態之競爭（超商、超市、量販店、專賣店）。

2-2 現代化商業經營環境特色

在前述商業環境之下,一方面市場出現種種商機,但另一方面也存在種種困境與危機,流通革命便展開了。這種革命,基本上代表變動環境下流通功能的合理化。大致而言,現代化商業經營環境有以下幾項特色:

一、通路結構整合化

由於流通體系具有的關聯特性,透過其間各功能單位的整合,可帶來規模經濟、簡化步驟以及專業化等利益。這種整合有垂直性質,即製造、批發、零售體系之間更合理的結合;有水平性質,即透過連鎖方式進行橫向整合,擴展市場滲透面。此外,這些整合並不侷限於體系內的整合,尤其引人矚目的是,進一步發展為跨組織、跨體系的整合,如物流系統、資訊網路之整合。跨越水平及垂直的界限,以互惠的合作訴求,拓展流通業策略聯盟的整合效應。

二、通路/業態多樣化

社會多元化與新商業環境給予形形色色通路生存的空間,不同經營型態競足共存。一方面有標榜品味和流行的高級百貨公司和專賣店,一方面也有以低價訴求自助式的量販店;一方面隨著塑膠卡片帶來先進的電子購物,但另一方面又有多達三萬個以上的檳榔攤位。新經營型態不斷推陳出新,增加了消費者的選擇機會,也助長了通路間的競爭熱度。

三、經營國際化

先進國家挾其進步的技術與專業的經營搶灘國內流通市場,成功的案例存在於速食店、超市、便利商店、百貨公司及大型量販店等,透過與外資合夥的經營關係強化了競爭優勢,同時亦促進經營的國際化,將流通業的競爭舞台提升到國際舞台。如:太平洋崇光百貨、新光三越、家樂福等均為中外合資企業。

四、流通資訊化與物流專業化

流通業的資訊化,從個別企業的辦公室自動化和商店自動化開始,隨之透過網路連線,建立連鎖企業的經營網路,並進一步發展出企業與其交易對象間

跨企業的垂直型網路。在這樣的發展背景下，流通業者運用「電子訂貨系統」（EOS）、「銷售點管理系統」（POS），以致於「加值型網路」（VAN）滿足其資訊化需求。

在物流支援機能方面，多樣少量的配置需求，是專業性物流中心形成的背景因素，在高度的價格競爭以及高人工成本的雙重壓力下，物流中心生存的利基在於作業合理化、效率化。而為達到此目標，現代化的物流配送技術及系統扮演了重要角色。自動存取設備、自動輸送、揀貨等硬體設備配合軟體的控制，稼動出專業化、效率化的物流配送。

五、服務生活化

由於流通業所具有的組合功能，可以配合客戶的需要，組合各種有關的產品或服務。此時流通業者所提供的，乃代表生活上所需的某種服務，而非單獨的產品或服務本身而已。近年發展迅速的觀光旅遊、休閒、投資諮詢，乃至於結婚廣場、坐月子中心等，都展現此種服務生活化的性質。

六、零售通路創新化

國內零售通路成長最具代表性的便利商店，經過十年的成長已近飽和狀態，五大連鎖超商規模以統一商店為首，自1978年創立以來，2005年全國門市店數達4,037店，市占率47%居龍頭地位；全家及萊爾富便利超商2005年總店數均破千。國內便利商店產業追隨日本之腳步，在國內發展已相當成熟，正面臨市場飽和之挑戰。然而，不久的將來恐將面臨高齡化、少子化的人口結構轉變衝擊，使向來以年輕族群為目標市場的店舖型態難以繼續滿足消費者需求。

依據研究調查，以日本為例，便利商店之發展已搶先展開創新布局，未來將朝精品及平價生鮮雜貨兩極化發展。精品化的發展定位在收入較高之辦公商圈，提供有別於現行超商之精緻商品，例如專門店水準之三明治、義大利麵及現煮咖啡等；朝平價生鮮雜貨發展者則以販售小份量生鮮與鮮食為主，主要在滿足少子化、高齡化個人和家庭飲食需求。

第三節 商業自動化內涵

在總體經濟環境、消費者個體環境及商業經營環境的多重變革與衝擊下，流通業經歷了無數次的蛻變，接二連三的蛻變中更孕育一股生機。商業自動

化正是這股生機的核心力量，也是邁向商業現代化的關鍵手段。亦即，商業自動化在流通革命中扮演推波助瀾的角色，將自動化的觀念與技術，融合在各行銷、配送、市場及資金等商業環節之循環運作，強化合理性，降低成本，提高效率及品質，進而達到商業現代化的目的。故而商業自動化與現代化互為因果關係，即商業自動化為達成現代化之手段，而商業現代化則為商業自動化之最終目的。

　　商業自動化內涵為何？商業流通之每一環節原本相互關聯，環環相扣，難以切割。然為求進一步了解商業自動化，以實現現代化，在眾多專家學者的努力下，商業自動化四流的輪廓已漸清晰，而根據四流的理論基礎，更進一步發展出商業自動化的各項內容，茲於本節及下節分述。

　　商業自動化四流係指交易的商流、商品的物流、轉帳的金流，以及資訊傳輸處理的資訊流（情報流）。四流的展開通常循著交易活動的產生（商流：包括傳票、單據、契約、認證等），隨之發生交付配送（物流）、付款（金流），以貫穿其間、利用資訊設備傳輸處理、統計分析（資訊流或情報流）的流程。

一、商流（商業交易活動）

　　簡單來說，從交易確立後一系列的進銷存作業，有關商品、顧客、帳務的管理活動，皆屬商流的範疇。

二、物流（物品的流通）

　　物流的定義之一為將商品與服務，以適當的價格，在適當的時間和場所，供應給需要的人。狹義的物流只限銷售的物流，注重配置規劃、材料、物品的搬運。廣義的物流則是指上游資材市場與下游銷售市場資訊活動的串連，包括資訊物流、生產物流、銷售物流。過去物流的角色，只是附屬於商流下擔任實體配送或倉庫保管的功能，其機能主要在將商品送達而已，配送成本多已轉嫁於商品成本，不單獨計算。然而隨著商店賣場加大、競爭者增加，為滿足零售業「少量、多樣、及時」的要求，如何尋求最佳物流效率，降低配送倉管成本，已成為一項重要的經營課題，因此，不得不精算物流成本，並嚴格掌控。

　　廣義的物流，除了接發單、出入庫作業之力求簡化快速、倉儲揀貨自動化、配送路徑合理化外，更進一步要求專業化經營和共同配送的可能性。從近年上游製造商紛紛成立配送中心，下游大型零售商自建物流中心，中小型批發業者合組聯合配銷等現象，顯見業者正視物流，亟謀改善的決心。

三、金流（資金的流通）

傳統流通業之金流，僅止於付現和支票的銀行轉帳作業。但隨著無現金交易模式之出現，伴隨各式貨幣卡片的特性，如信用卡消費後付款、預付卡預先支付、IC卡店內的預存轉帳折扣等，使金流活動趨於複雜化。

除了原有貨幣支付功能外，金流更增添顧客管理、提供消費訊息等功能，使得銀行、商店、消費者間之互動，呈現微妙變化。金流活動趨向於電子轉帳和卡片貨幣的現象，除了表現在消費者持卡消費行為外，未來屬於企業間的支付行為，也將隨著商業EDI（Electronic Data Interchange，電子資料交換）和企業銀行的興起，而轉為以「電子」的型態完成信用轉帳，屆時卡片的安全性、轉帳的認證或風險保障，勢將成為金流的另一項重要課題。

四、資訊流（情報的流通）

資訊流主要指透過電腦和通訊技術的結合，應用在執行上述三流的處理分析而言。將資訊流單獨列作一流，主要在於強調透過資訊科技的手段，可以實現不同層次三流間所訴求之目標。從早期純以集中作業，講求處理速度的資訊中心導向，演變到個人電腦分散式連線共享資源，迄90年代加值網路的開放，通訊技術的發達，國內資訊流的舞台正式開展。諸如銷售點管理系統、電子訂貨系統、商業電子資料交換、流通加值網路、電子轉帳、IC卡及信用卡的認證拆帳等，皆是運用電腦網路進行，並加值處理的具體表現，亦即資訊流應用在商流、物流及金流，以收相輔相成效益的最佳詮釋。

茲分別以圖1-4及圖1-5說明商業自動化各流之關聯，以及商業自動化在流通架構中所扮演的角色。

圖1-4　商業自動化在流通業之角色與要素

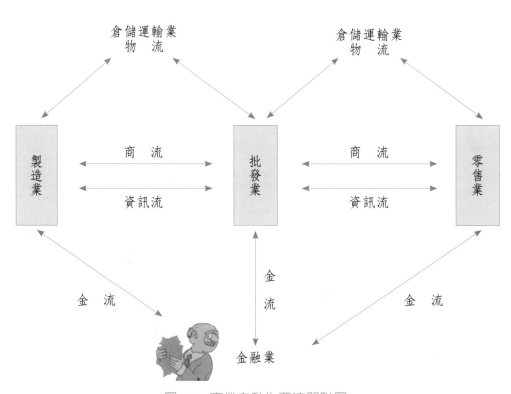

圖1-5　商業自動化四流關聯圖

第四節　商業自動化內容

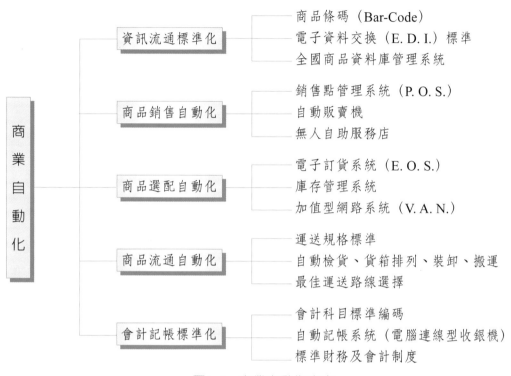

圖1-6　商業自動化內容

個別項目內容於後續章節分述。

第五節　商業自動化之生活應用

藉由電腦與通訊設備之運用，商業自動化技術已逐漸普遍應用在我們的日常生活中，包括食、衣、住、行、娛樂等各方面無所不在，茲簡述如下。

一、食的方面

商業自動化在食的方面應用相當廣泛，且由於民以食為天，飲食在生活中占據相當重要的角色，如何因應現代人忙碌、渴求方便、快速之需求，各式各樣與飲食相關之商業自動化系統應運而生。例如：

(一)自動點菜機

餐廳為加速顧客點菜流程，運用自動點菜機進行點菜，服務生在餐桌旁以手持式點菜機即時輸入顧客點的菜單編號，完成點菜作業後，只需將點菜機接上鄰近的傳輸設備，可即刻將菜單傳至廚房及收銀台，不僅可快速完成點菜作業，且可避免人員手記或口語傳遞造成之誤失，且收銀作業也可藉由自動傳輸菜單資料加速結帳之精確度，並可避免收銀員舞弊。

(二)線上訂位

忙碌的現代人運用網路或行動通訊設備可直接進入餐廳網頁預訂座位，提高用餐的方便性。

(三)網路訂餐

無暇親赴餐廳用餐的民眾，可藉由餐廳提供的網路訂餐系統在家享受美食。近年來年菜網路訂餐宅配風潮的興起，已成為便利商店及五星級餐廳年節必爭市場。

(四)「養生餐盒」餐飲服務

現代人除訴求方便快速之外，重視養生之族群有逐漸增多趨勢，針對中高階專業經理人設計的「養生餐盒」餐飲服務，依據顧客健康指標提供量身訂製之養生餐盒，並透過專屬網站提供顧客健康諮詢與關懷，深化餐飲服務層面，提高餐飲服務之專業度與服務附加價值。

二、衣的方面

進口服飾之原印條碼協助顧客確保商品原產地，提供品質保障。近年逐漸竄起之貴重禮服與上班族女性套裝出租等新興行業，都將需要仰賴自動化系統進行出租服飾以及會員之管理，提供優質的租賃服務。

三、住的方面

國內較具規模之連鎖化房屋仲介公司已建置完整的販售資料庫，顧客可在門市電腦依據本身需求搜尋到適合之商品，並可在螢幕上先行瀏覽各項商品屋況照片，無須親臨現場查看，可節省相當多商品搜尋的時間。

四、行的方面

捷運悠遊卡在大台北地區的普遍運用，是行的方面自動化的明顯例證。網路訂購火車票的服務也已受到國內消費者相當程度的認同與採用，60、70年代每逢重大節日火車站前大排長龍排隊購預售票的景象已不再。

五、娛樂的方面

網路訂購音樂會或電影院入場票的方便性、手機提供的遊戲，以及條碼點歌簿等種種自動化之應用，提供現世代民眾更便利、優質的娛樂方式。

第六節　商業自動化發展趨勢

一、整合上、中、下游供應鏈，建立供應鏈管理系統

傳統的行銷理論以4P（Price：價格，Product：產品，Place：通路，Promotion：促銷）為架構，製造商、批發商至零售商皆據此架構，擬訂行銷策略，然礙於供銷定位的不同，對立的關係經常存在於供應端及銷售端。近年來，隨著國內外競爭的衝擊，流通業發生種種變革，對外有外資企業及跨國企業的挑戰，對內則要面對新興業態的推陳出新，以及大型量販店之價格競爭。零售體系單純的行銷手法已經窮於應付激烈的競爭，整合、聯盟的策略被視為另一線生機。零售端與製造、供應端開始思索著如何跳脫傳統對立的關係，轉向合作與互利的關係發展，從「供應鏈管理」的角度去開拓互利多贏的局面，透過供應鏈的整合，為交易夥伴創造更大的利潤空間，建立永續經營的利基。

二、重視顧客關係，創造顧客價值

民生消費市場的發展自50、60年代的生產者與品牌導向（Brands and Manufactures Dominate）、70年代的零售通路導向（Retailers Dominate）、及至80年代演變為消費者導向（Consumer Dominate），「顧客」成為企業經營的核心要角。位處行銷多元化及全球化之競爭環境，傳統以價格戰及產品組合來攻城掠地、爭取市場占有率的經營策略恐難續保經營優勢，以行銷為導向的企業逐漸意識到市場及顧客資訊對行銷策略之影響層面，這些企業也多半認知到無論企業是否直接面對終端消費者，只要位居產業供應鏈之環節中，如何加

強與客戶的關係，以穩定甚至拓展現有市場與客源，已經成為企業首要之務。有鑑於此，國內企業近年除積極拓展與深化和上、下游合作夥伴的關係，強化供應管理外，較前瞻的企業更進一步探討如何藉由顧客層面的操作來運作行銷活動，為經營加分，搶得先機。因之，顧客關係管理（Customer Relationship Management, CRM）成為現今企業營運的重要課題。

圖1-7　美國超市商業自動化情境

Wireless POS/Self-Scanning/Electronic shelf Talkers/Electronic shelf Talkers/On Cart Display/Self Checkout/Home Shopping...

§ 討論問題 §

1. 試從製造、批發及零售三個層面概述商業活動之範疇。
2. 試說明商品流通通路架構。
3. 試說明商業現代化環境發展背景及未來趨勢。
4. 試分別從食、衣、住、行、娛樂等方面說明商業自動化之應用。

第 **2** 章

商品條碼

第一節　前　言
　1-1　條碼與商業現代化
第二節　條碼的起源及相關組織
第三節　商品條碼簡介
　3-1　商品條碼的意義
　3-2　條碼種類
　3-3　商品條碼結構
　3-4　條碼設備
　3-5　商品條碼印製作業流程
　3-6　條碼符號的基本尺寸
　3-7　條碼符號的倍率
　3-8　條碼符號的顏色
　3-9　條碼的印刷位置
第四節　商品條碼之應用效益
第五節　商品條碼之應用
　5-1　商品條碼在生產自動化的應用
　5-2　商品條碼在資訊網路的應用
　5-3　商品條碼在倉儲物流的應用
　5-4　商品條碼在服務業的應用
　5-5　商品條碼在產品生產履歷的應用
第六節　RFID條碼之應用
　6-1　RFID之功能
　6-2　RFID之應用
　6-3　RFID之應用效益
§討論問題§

第一節　前　言

條碼（Bar Code）的啟用，最早由美國超級市場公會所推廣，為了節省百貨公司或超級市場人力、物力資源，於1973年正式啟用，並取名為「統一商品條碼」（Universal Product Code，簡稱UPC），適用於美、加等北美洲地區，此為UPC碼的由來。由於UPC在美、加地區造成一股熱潮，於是歐洲也引進條碼的觀念及技術，訂定了「歐洲商品條碼」（European Article Number，簡稱EAN），由歐洲12個工業國家共同推廣，在1977年簽署草約，成立EAN協會，並將條碼觀念散布到其他地區，條碼系統因此開始邁進國際化領域。

2002年底，代表UCC的美國與加拿大一同加入EAN組織，2005年正式對外宣告統一化GS1全球標準組織。在 EAN/UCC系統中，商品的識別號碼均被轉成條碼形式。這種以條碼進行識別，主要是為了方便利用機器來作資料的自動攫取，以提高商品資料讀取的效率。

1-1　條碼與商業現代化

在商業現代化的大環境下，商店實施自動化作業已是必然趨勢。商店要導入自動化的商品管理，須從商品條碼化開始，面對品項繁多的商品，以往人工化的管理方式已無法有效應付經營管理的需要，商店必須藉電腦化的管理模式才能有效率地處理（圖2-1）。為使商店在管理商品上能更順利，實施條碼化將是商店自動化的關鍵點。

第二節　條碼的起源及相關組織

條碼最早使用於製造業，目前國際商品條碼有兩大系統。1960年代美國經濟高度發展，消費市場進入成熟期，全美食品聯盟協會（FMI）於1965年成立國際號碼（Universal Code）開發協會，開始研究業界的統一號碼，以因應合理化的管理需要。到了1973年，美國超級市場公會（Super Market Institute）正式啟用第一套的商業條碼，稱為UPC（Universal Product Code）條碼系統，由

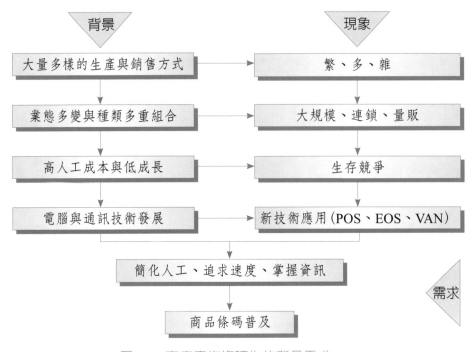

圖2-1　商店實施條碼化的背景需求

於它的方便與處理迅速，很快地便普及美國、加拿大地區，此為第一種系統。

　　UPC在美國及加拿大形成一股熱潮後，歐洲各國紛紛引進條碼的觀念及技術。1977年，由十二個歐洲國家之製造商及配銷商代表，參考美國條碼的製作方式，發展出一套條碼系統，初期只以歐洲國家為主體，故稱為EAN（European Article Number）碼，並在比利時首都布魯塞爾設立永久會址，此為第二種系統。後來該編碼組織之會員，擴及歐洲地區以外的國家，因此成了國際性組織，因而在1981年更改名稱為國際商品條碼協會（International Article Numbering Association；簡稱ANA）。

　　1990年更與美國編碼協會（UCC）簽署共同協定，透過差異管理使UPC與EAN碼得以相容，至此EAN編碼系統真正成為世界通用的編碼體系。至今，已有五十八個國家加入該組織。

　　我國條碼的推廣組織為「中華民國商品條碼策進會」（Article Numbering Center of R.O.C.；簡稱CAN），該會於1986年加入國際條碼協會（IANA），成為其會員之一，並在1987年取得我國國家代碼（471），開始推廣我國商品條碼化的工作。

 **商品條碼簡介**

3-1　商品條碼的意義

所謂「商品條碼」就是將已編好的商品代號，改以平行線條的符號代替，以便讓裝有掃描的機器閱讀，再經電腦解碼，將「線條符號」轉為「數學號碼」而由電腦進行運算，以作為商品從製造、批發到銷售一連串作業過程的自動化管理代號。圖2-2所示為商品條碼的構造。

圖2-2　商品條碼的構造

3-2　條碼種類

條碼依不同的發展單位而有不同的種類，主要的種類如下：

一、EAN碼

1.前節已述，以歐洲國家為主體於1977年所發展出的條碼系統為EAN碼（European Article Number），其會員隨後並擴及歐洲以外國家。

2. EAN碼共有13位數字，由0～9所組成，這些數字包括國碼、廠商號碼、產品編號及檢查碼。由於國家號碼的差異，加上廠商號碼的不同，故當每一廠商為其生產產品編號時，就造成每一單項產品號碼的絕對差異。因此，商品條碼可以說是任何國家、任何廠商，以及任何商品獨一無二的「商品身分證統一編號」，也可以說是商品流通於國際市場中一種通行無阻的「共通語言」。

圖2-3　EAN-13標準碼

二、UPC碼

1. UPC碼（Universal Product Code）即國際產品碼（見圖2-4），是1973年美國所制訂的，適用範圍相當廣泛，包括零售店、超級市場、雜貨、唱片、雜誌等，與EAN碼同樣為目前全世界利用最廣且統一規格的條碼系統。

圖2-4　UPC-A碼

2.UPC碼與EAN碼類似，但是UPC碼僅有12位數字，且彼此的資料內容排列順序不同，每個字由四個直線所組成，其中兩個是暗線條，兩個空隔（明線條）。此外，UPC碼的縮短碼為7位數字，EAN碼則為8位數字。

三、39碼

1.39碼（Code 39）為1975年美國INTERMARKE公司所發表的，比起EAN/UPC碼，39碼廣泛應用在製造業。它可代表26個英文字母、數字及特殊符號，並且可增加到美國資訊交換標準碼（ASCII）所定的128個字。

2.39碼是由九個直條所組成，其中五個是暗線條，四個空隔（明線條）；三個寬條，六個窄條。

3.39碼雙向可讀，且是包含的文字數字最多之條碼系統。

四、其他條碼系統

1.例如由EAN體系衍生出來的JAN碼（Japanese Article Number），是日本於1978年發表之條碼系統，排列方式與EAN碼相同，只有二或三位的國碼不相同而已。

2.其他，例如應用於汽車業、倉儲業等之25插入碼。25碼是條碼中可採用文字密度高之一種。還有CODE-BAR（廣用於圖書館、醫療機構照片等）、CODE-128（物流界與便利商店）等條碼系統。

若從條碼應用方面，商品條碼則可分為三類（以EAN碼為例）（見圖2-5）：

一、原印條碼（Source Marking）

指產品在製造商生產階段已印在包裝上的商品條碼，通常由產品的供應商申請，在產品出廠前即已印妥，適合於大量生產的商品（見圖2-6）。其組成是由製造商加入條碼協會後，獲得協會發給之廠商編號，再與自己選定的產品編號組合而成。

二、店內條碼（In-store Marking）

是一種僅供店內自行印貼的條碼，僅可以在店內使用，不能對外流通的條碼（見圖2-7）。商店可依自己的電腦系統，自行編號、印製的條碼，例如須以重量計算價錢的生鮮食品，通常都必須使用此類代碼。

圖2-5　商店應用條碼種類

圖2-6　法國廠商印製之原印條碼

圖2-7　商家自行印製之PLU-13店內碼

三、配銷條碼（Despatch Marking）

所謂「商品配銷條碼」係指應用在商品裝卸、倉儲、運輸等配送過程中之辨識符號（見圖2-11）。它通常印製在包裝外箱上，可供掃描閱讀，用來辨識商品種類及數量的條碼符號。

3-3 商品條碼結構

以EAN碼為例，說明商品條碼的結構如下。

一、標準碼

標準碼（見圖2-8）共13位數，係由「國家號碼」3位數、「廠商號碼」4位數、「產品號碼」5位數及「檢核號碼」1位數所組成，其結構如下：

NNN　MMMM　PPPPP　C

圖2-8　標準碼

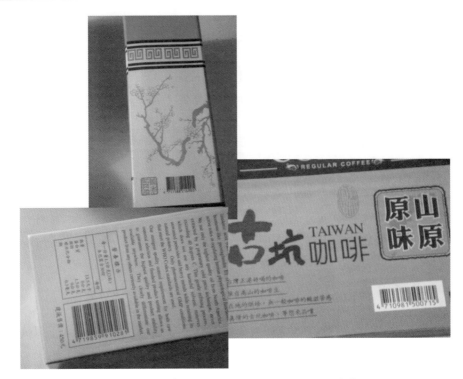

圖2-9　國內原產的商品,原印條碼編號前3碼均為國碼471

二、縮短碼

縮短碼(見圖2-10)共8位數,當包裝面積小於120cm²,無法使用標準碼時,可以申請使用縮短碼。縮短碼係由「國家號碼」3位數、「廠商號碼」4位數,以及「檢核碼」1位數所組成,其結構如下:

471　PPPP　C

國家號碼　廠商號碼　檢核碼
3位數　　　4位數　　1位數

圖2-10　縮短碼

三、配銷條碼

商品配銷碼共14位數,係由「配銷識別碼」1位數、「國家號碼」3位數、「廠商號碼」4位數、「產品號碼」5位數,以及「檢核號碼」1位數所組成,其結構如圖2-11所示。

I 471 MMMM PPPPP C

圖2-11　配銷條碼

表2-1　國際商品條碼的國家代號表

國碼	國家	國碼	國家	國碼	國家
00-09	美國、加拿大	599	匈牙利	84	西班牙
30-37	法國	600-601	南非	859	捷克
400-440	德國	64	芬蘭	860	南斯拉夫
49、45	日本	70	挪威	590	波蘭
50	英國	729	以色列	850	古巴
520	希臘	73	瑞典	87	荷蘭
529	塞普路斯	750	墨西哥	90-91	奧地利
54	比盧	76	瑞士	93	澳洲
560	葡萄牙	779	阿根廷	94	紐西蘭
569	冰島	789	巴西	460-469	俄國
57	丹麥	80-83	義大利	888	新加坡
471	中華民國	773	烏拉圭	869	土耳其
489	香港	775	秘魯	880	南韓
770	哥倫比亞	780	智利	885	泰國
955	馬來西亞	759	委內瑞拉	740-745	中美洲
380	保加利亞	535	馬爾地	786	厄瓜多爾

國碼	國家	國碼	國家	國碼	國家
383	斯洛凡尼亞	539	愛爾蘭	690-695	中國大陸
385	克羅埃西亞	619	突尼西亞	978-979	書碼
20-29	店內碼	977	期刊	98-99	禮、贈券

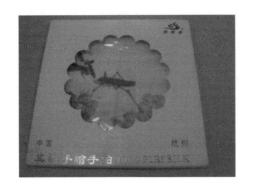

圖2-12　從中國大陸購買的禮品，背面原印條碼編號為大陸國碼693

圖2-13　風迷全球的Harry Potter，條碼編號前3碼為國際書碼978

3-4　條碼設備

　　購置條碼設備，必須考慮選擇印刷條碼的方法、印刷的過程、掃讀條碼的設備（條碼掃描器），以及條碼與電腦介面的設備。

| 條碼掃描器 | 條碼印製機 | 條碼機專用標籤紙 |

圖2-14　條碼設備

　　印製條碼須非常精確，條碼印刷品質之良窳在決定條碼之使用是否成功上，扮演了關鍵的角色。

　　條碼可以直接印在要標示的物品上，或是印成標籤或吊牌再黏貼或掛在物品上。某些情況下，為了保護條碼因多次刷讀而受到破壞，可以加上層膠膜來保護它。

　　條碼印製的方法有許多種，例如，一般以平版或凹皮所做的大量印刷、撞擊式印刷、點矩陣式印刷、成本低廉便宜但速度低的熱轉印刷、噴字印刷、雷射印刷等，各種方法各有其適用環境、成本及條碼要求品質。

3-5 商品條碼印製作業流程

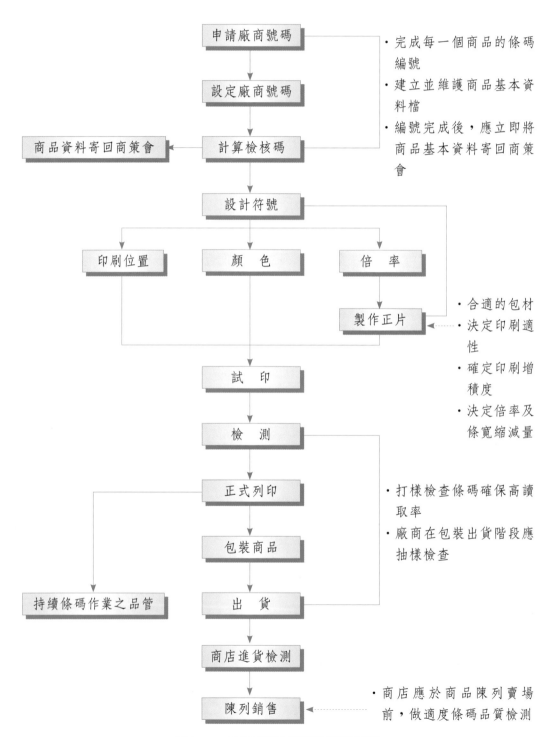

圖2-15 商品條碼印製作業流程圖

3-6　條碼符號的基本尺寸

條碼符號倍率為1.0倍率時，每一碼元寬度為0.33mm，其條碼符號的尺寸如圖2-16所示。

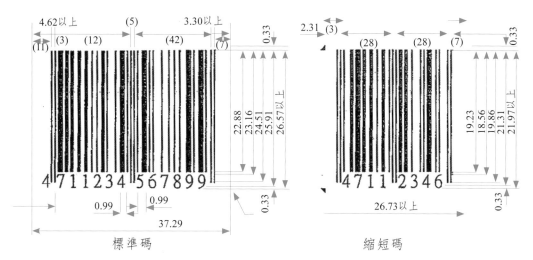

標準碼　　　　　　　　　　　　縮短碼

圖2-16　條碼符號的基本尺寸

3-7　條碼符號的倍率

條碼符號倍率在0.8～2倍間，配合商品本身條碼印刷的面積，最小可縮至標準尺寸的0.8倍，最大可放大至2倍。

此外，條碼大於2.0或小於0.8倍率，均為不符合規定範圍。基本上如非必要，請避免採用0.8倍率，因為倍率愈小的條碼，其印製的精確度要求愈高，會增加印刷的困難度。

假如商品印刷空間著實很小，非得使用低於0.8倍率的條碼時，可申請縮短碼，以確保條碼品質。

3-8　條碼符號的顏色

所謂黑條與白條，並非絕對的黑色與白色，只要合乎光學特性的要求的顏色組合，都可以作為條碼符號之顏色。因為掃描器一般利用紅色He-Ne LASER光（波長633nm），故只要能透過紅色濾光器（Wratten 26）而合乎反射率、反射濃度、pcs（對比值）之規定的顏色，就可以代替黑色或白色，用來做為條碼的條色或底色。

可做為底色之顏色	在紅色光域之反射較高者	白、紅、橙、黃
可做為條色之顏色	在紅色光域之反射較低者	黑、藍、綠、紫

3-9　條碼的印刷位置

一、條碼的印刷位置

決定條碼的印刷位置前，宜先考慮下列各種因素：

1. 對零售商而言，結帳時掃描是否方便。
2. 對製造商而言，須儘量避免破壞商品形象及增加印刷成本。
3. 對印刷業者而言，選擇之位置是否會使印刷作業困難度提高。
4. 對掃描裝置而言，須考慮掃描的極限距離13mm及極限角度30°的問題。

其次，依包裝型態的不同，其較理想印刷位置大致歸納如下：

1. 箱型包裝或盒型包裝：一般印於盒或箱的底部。

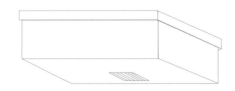

2.罐裝、瓶裝：印於原標籤的左下角。

3.桶型容器：可印在側面，或順著蓋面的順序找出較易印刷的位置。

4.袋裝、小袋裝：可印於底部，或順著背面下方的中央找出較易印刷的位置。

  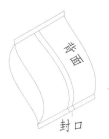

　　袋裝或小袋裝商品多半沒有底部，而且接近底部處容易有起皺、彎曲、突出等現象，須避免將條碼印在此類包裝接近底部的位置。較理想的是將條碼印在中央部分，但要先考慮袋子填充的形狀，再來決定印刷的位置。

　　5.配銷條碼的印製：配銷條碼符號設計考慮因素如下：

　　　・安全空間的預留，左右各10碼元。

　　　・儘量保留保護框，以確保印刷品質。

　　　・年、月、日戳記和價格標示，不可蓋住條碼符號。

　　　・原印刷品質不佳者，應使用黏貼式條碼標籤。

　　　・利用標準尺寸以上的倍率。

二、印刷位置的考慮

在自動化倉儲、配送作業中，配銷條碼跟隨著商品在輸送帶輸送途中或架子上被掃描，因此其印刷位置的固定，對於配送包裝商品的自動化處理是非常重要的。所以，為了方便掃描，原則上紙箱的四個垂直面均印上（或黏貼）為最佳，而且最好符合國際統一的位置，或至少印在相鄰的兩面。

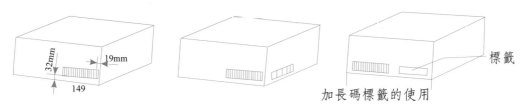

圖2-17　配銷碼標籤黏貼位置

第四節　商品條碼之應用效益

商品條碼是商業自動化之基礎，商品條碼結合銷售點管理系統（POS）、電子訂貨系統（EOS）、物流自動化系統及EDI系統後，可以呈現相當多效益。茲以表2-2說明。

表2-2　商品條碼應用效益

自動化系統	產生效益
POS系統	・快速結帳、提升服務品質。 ・避免人工錯誤，資訊蒐集迅速而正確。 ・減少人員流動、降低教育訓練成本。 ・確實掌握庫存及銷售狀況，可迅速回應消費需求。
EOS系統	・正確快速處理訂貨作業。 ・適切降低中間庫存。 ・節省表單及人工作業成本。 ・降低退貨率。
物流自動化系統	・提高商品迴轉率、降低庫存。 ・降低倉庫空間及人力成本。 ・提高出貨速度及正確性，提升服務品質。 ・提高作業能量，增加作業彈性。

自動化系統	產生效益
EDI 系統	・資訊交換之資料維護效率提高。 ・促進作業流程改善。 ・促進供銷關係之強化。

從產業及消費者角度，商品條碼之應用效益可以明顯呈現。

一、製造商

1. 提高庫存及盤點作業效率，強化商品週轉，提升產品品質及作業效率。
2. 強化物流作業的訂出貨及配送效率。
3. 降低管理成本，提高獲利能力。
4. 提高庫存管理的工作效率。
5. 迅速蒐集和分析市場情報，以利訂價策略和產品計畫。
6. 統一商品標籤作業，節省人工成本。
7. 符合國際趨勢，掌握進入全球化市場的契約。

二、批發商

1. 精確快速地處理訂出貨作業，提升對下游廠商的服務品質。
2. 精準掌控庫存明細，防止管理不當，造成資金積壓。
3. 可應用於顧客分級和信用管理，降低經營風險。
4. 有效掌握商品資訊和商業情報，提升市場競爭力。

三、零售商

1. 蒐集運用商品資料，掌握暢銷品，增加獲利。
2. 結帳迅速而精確，節省人力成本。
3. 防止櫃檯人員舞弊。
4. 與偵測器配合，可防止顧客順手牽羊。
5. 方便價格變更，有利進行促銷活動。
6. 分店的銷售狀況可立即傳回總公司，有效掌握管理資訊。
7. 建立顧客消費資料，對消費者提供更佳的服務。
8. 方便商品的汰舊換新及價格的變動調整。
9. 有效管理賣場的訂貨、庫存的營業分析。
10. 增進供銷關係，提升服務品質。

11.快速獲得商情，反應市場供需，贏得顧客滿意度。

四、消費者

1. 排除價格計算錯誤的顧慮，可盡情享受購物樂趣。
2. 結帳快速有秩序，獲得滿意的服務。
3. 商品項豐富，快速補充，降低缺貨情形，增加選購機會、數量等資訊。
4. 可以塑膠貨幣結帳，降低現金失竊風險。
5. 方便退貨及換貨之作業。

第五節 商品條碼之應用

商品條碼在各產業的應用極為廣泛，茲舉例說明國內目前一般性的條碼應用。

5-1 商品條碼在生產自動化的應用

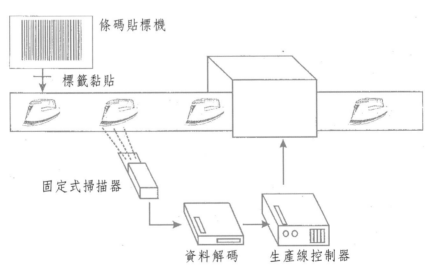

圖2-18　條碼應用於裝配線上自動監控

　　商品條碼的印製者，基本上大部分是製造商，在其生產製造階段即可將商品條碼印妥。一個製造商一旦有了條碼，當其採用自動化生產設備時，商品條碼可供其運用於零件原物料的管理與辨識、倉庫管理、製程管理、訂單收發與送貨管理等等，若再配合資訊網路應用，將使生產達到整體性的掌控。

圖2-19　條碼應用在生產線之示意圖

5-2　商品條碼在資訊網路的應用

　　資訊及通訊技術的發展帶動商品條碼應用之普及，而在商業活動中，主要應用範圍涵蓋以下各項：

　　1. 商品或服務的代號（產品代號）等、產品的資料。

　　2. 客戶資料。

　　3. 訂單資料。

　　4. 報價資料。

　　5. 送貨通知資料。

　　6. 付款通知資料。

　　7. 其他通訊資料等。

　　亦即透過網路系統，上述商業交易之重要訊息可以電子方式，達到正確、快速的傳遞，而「條碼」正是這些訊息傳遞的關鍵基礎。

5-3　商品條碼在倉儲物流的應用

　　商品條碼在物流控制方面，從單項商品的商品條碼到整箱外箱的配銷條碼，應用在出、入庫、裝卸貨揀貨、庫存盤查、裝箱出貨、送貨通知等各作業階段，與上游製造商、下游零售商共用統一的標準條碼系統。商品條碼總主檔資料甚至包含了外箱尺寸與重量，便於自動計算貨架容積，以達到貨架的自動配置。

5-4　商品條碼在服務業的應用

　　服務業應用商品條碼的例子很多，例如KTV以條碼點歌、入出境護照以條碼檢驗、股票以條碼來運作、運輸業以條碼輸入控制貨品經過據點、餐飲業之菜單以條碼提高點菜效率及正確性、辦公室以條碼運用於公文及其他文件上，這些充分說明了條碼的應用技術，正日漸普及於生活的各種層面，妥適的應用將可協助各行各業提高管理效率。

5-5　商品條碼在產品生產履歷的應用

　　台灣農、林、漁、牧產品已進入國際競爭市場，食品安全認證漸受消費大眾重視，安全認證是透過追溯生產履歷以確保產品，提高產業附加價值，率先訂立檢驗標準，並建立生產履歷追蹤系統。所謂食品生產履歷制度是指在食品的生產、加工、運銷等階段，針對原材料的來源或食品的製造廠或販售點作交易及保管的紀錄，使其能對食品及其情報追根究源。企業建立生產履歷追蹤系統後，透過這樣的管理機制能符合品保制度，精確追蹤產品來源與批次識別；在安全與健康課題上，解決食品發生安全性問題時對有缺陷或污染的產品，以精確方式，執行批次回收與補救作業；在物流方面，業者可以掌握更多物流配送精確資訊，配送過程問題也可快速回應，並將庫存數量最佳化；在食品法律問題爭議上，可配合國內或國際認證單位管理規章，清楚責任界定與生產和銷售貨品的流量，協助對抗層出不窮的詐欺事件。建立生產履歷追蹤系統必須以

全球共通編碼標準為基礎，在全球通行之編碼系統之下，才得以在食品流通過程進行精確的記錄與追蹤。建構這樣的系統，只要利用食品上的條碼或IC標籤，透過行動電話或網際網路，透過賣場的資訊讀取設備就可以取得食品履歷資料，提供詳細資訊給消費者，即可安心的消費。

第六節　RFID條碼之應用

　　無線射頻技術（Radio Frequency Identification；簡稱RFID）最早在1948年被提出，利用無線電波傳送識別資料，達到身分識別之目的。RFID係由一種內建無線電技術的晶片，晶片中可記錄一系列資訊，如產品別、位置、日期等，最大的好處是能提高物品管理效率，運用RFID只須在一定範圍內感應，即可一次讀取大量訊息，它不須接觸就可以寫入讀取，容量大又可重複更新，安全性高，預計未來幾年將逐漸取代目前所使用的條碼資訊辨識系統。運用RFID技術，無須看到標籤與實體物品，即可對貼有RFID標籤之物品進行辨識。隨著RFID無線射頻技術的發展，有愈來愈多的科技創意可以融入工作與生活中。

6-1　RFID之功能

　　運用RFID技術於自動識別，不須人工操作即可完成管理作業，速度上即時反應，可大幅縮短作業時間，應用範圍非常廣泛。

圖2-20　RFID條碼

一、RFID具備之功能

1. 自動識別。
2. 分級、分類。
3. 流程追蹤。
4. 統計分析。
5. 進出管制。
6. 自動控制。

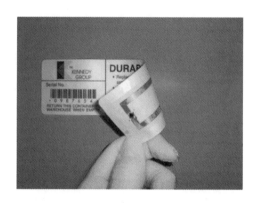

圖2-21　透過細微無線IC晶片，達成人和物件之識別與管理，只需簡單硬體設備便可輕易運用RFID技術。（資料來源：www.alanfong.com）

二、RFID系統作業模式

RFID識別系統作業流程如下：

1. 商品包裝貼上RFID標籤（TAG）。
2. 以RFID讀取器（Reader）掃描商品包裝上之標籤，讀取標籤內含之資訊。
3. 所讀取標籤內含之資訊傳至控制系統（電腦），與控制系統中設定之資料（例如：商品編號）比對後，完成商品識別作業，依指示進行相關作業（例如：進貨作業、出貨作業……）。

6-2　RFID之應用

RFID在各行各業之應用相當廣泛多元，以下列述其一般性應用：

1. 門禁管制：人員出入門禁監控、管制及上下班人事管理。
2. 回收資產：棧板、貨櫃、台車、籠車等可回收容器管理。
3. 貨物管理：航空運輸的行李識別，存貨、物流運輸管理。
4. 物料處理：工廠的物料清點、物料控制系統。
5. 廢物處理：垃圾回收處理、廢棄物管控系統。
6. 醫療應用：醫院的病歷系統、危險或管制之生化物品管理。
7. 交通運輸：高速公路的收費系統。
8. 防盜應用：超市的防盜、圖書館或書店的防盜管理。
9. 動物監控：畜牧動物管理、寵物識別、野生動物生態的追蹤。
10. 自動控制：汽車、家電、電子業之組裝生產。
11. 聯合票證：聯合多種用途的智慧型儲值卡、紅利積點卡。

茲舉數例說明RFID之實際應用：

一、RFID在物流作業的應用

在流通業中，物流中心的作業效率是中心營運成敗的關鍵因素，以往國內物流中心將商品條碼應用在貨物進出及盤點作業，未來物流中心應用RFID技術將可有效提升作業效率。

1. 物流紙箱以RFID識別，貨物出廠到達物流中心或是零售賣場，無須人工盤點即可自動感應偵測貨車內物品之相關資料，各項物品細節可自動讀取到電腦，再透過網路傳送到中央管控單位，自動進入登錄作業，節省大量作業人力，提高物品管理效率。
2. 運用RFID識別技術，從生產、配送、進入賣場、從賣場賣出之整個流程，物品都能被追蹤到。生產端能根據需求端及實際之精確掌握出貨量。

㈠使用RFID標籤的出庫作業

1. 出貨卡車藉由RFID Reader連線電腦的出庫資料（ERP系統等），確認該卡車應出貨之貨品編號。
2. 已確認應出貨之貨品編號傳送至裝置有RFID Reader之堆高機上，根據此編號偵測到應出貨標的物之位置。
3. 堆高機將此出貨標的物送上已在月台等候之出貨卡車，完成出貨作業。

圖2-22　使用RFID標籤的出庫作業示意圖

全程作業以RFID Reader與貨箱上之RFID標籤自動識別，無須人工識別核對，作業迅速準確。

（二）傳統的物流出庫作業

1. 堆高機將貨箱送達出貨月台後，須派作業人員一一掃描貨箱上的條碼，確認出貨貨箱後搬上貨車出貨。
2. 人工作業錯誤率較高。

圖2-23　傳統的出庫作業示意圖

二、RFID在保全系統之運用

目前保全及警務人員巡邏狀況的監控，主要係運用GPS衛星定位系統，不但價格昂貴而且只能在室外使用，未來將RFID與GSM、GPRS系統整合之巡邏系統，不但通訊費用低廉，而且室內外均可使用。外出巡邏的人員只要配帶內建RFID技術的手機，在行經各個巡邏點時，手機感應該巡邏點的RFID電子標籤，即時將訊號透過GSM及網際網路傳到管控中心的監控電腦。監控中心人員可以更清楚的掌握巡邏人員的行蹤與巡邏路線，巡邏人員如果發生意外或是被歹徒挾持，沒有在預定時間內抵達下一個巡邏點，管控中心就會立即發出警報。保全公司只要成立一個監控中心，就可以輕易掌控全國各地的巡邏狀況，甚至連國外的巡邏地點也能即時監控，可大幅節省營運成本。

三、RFID協助醫療照護

㈠「跌倒無線偵測裝置」隨時救援無助老人

運用RFID等短距離傳輸技術所研發的「跌倒無線偵測裝置」，需要照護的老年人只要配戴上RFID的身分標籤，建置在居家室內的RFID偵測系統，就會記錄受照護者的日常活動並且建立行為模式。如果在家中跌倒失去意識，系統發現異狀就會立即發送求救訊息到照護中心，或是經由照護中心的控制系統再將訊息轉送到家屬的手機上，照護中心及家屬隨時可以獲得通知，緊急救援。

㈡讓「智慧型藥櫃」成為個人專屬看護

老人、慢性病患者等需要按時吃藥，但很多老人自理能力不足，忘了吃藥或吃錯藥的情形經常發生，利用RFID技術研發的「智慧型藥櫃」提供了相當貼心的服務，幾乎可以稱得上是個人專屬看護。病患從醫院看診取回的藥品配上專屬的RFID標籤，智慧型藥櫃會記錄各種藥品的用法及用量，到吃藥時間時，藥櫃就會自動發出語音的吃藥通知，同時藥櫃上的螢幕也會播出該項藥品的照片及名稱。因為受照護者的手腕上同時戴有RFID的身分辨識標籤，所以如果拿錯藥，藥櫃也會感應到並且發出警示，超過30分鐘沒有拿藥，系統也會發簡訊，通知照護人員及家屬。

四、RFID在圖書管理之應用

圖書館員經常發現有讀者任意置放圖書,甚至有心人特地將某些圖書藏起來,以往運用被動式的條碼管理系統很難將圖書精確定位,只要在館藏的圖書上貼上RFID標籤,藉由設在館內各區域的RFID感應器,就可以輕易找出每本書籍的下落。透過RFID圖書管理系統,可以主動偵測尋獲沒有放在正確位置之館藏,輕鬆做好圖書管理。

此外,圖書館利用RFID技術可以輕易的盤點各館藏圖書雜誌之借閱頻率,將借閱率低的圖書雜誌挑選出來,評估是否續訂。RFID系統可精確偵測圖書雜誌從被讀者取下到放回的時間距離,判斷是否在合理的時間範圍內,例如有的圖書館設定短於三分鐘就不算有效閱讀。

五、RFID瞄準一對一行銷

結合RFID技術與行動通訊設備可發展出RFID會員卡簡訊平台,當會員攜帶內建RFID技術之手機進入商圈附近時,控制中心立即偵測到會員行蹤,自動發出會員所在位置附近店家之促銷簡訊。同時可利用簡訊平台進行雙向回覆,讓店家預知客戶上門訊息,並且可提供顧客消費習慣的相關訊息,讓商家事先掌握顧客資訊,進行一對一行銷。

六、農產品履歷讓消費者更安心

RFID運用在農產品生產過程之管理,可藉由強大的資料追蹤功能,記錄農產品之生產及運銷過程,提高消費者的信心。以豬肉生產為例,將RFID晶片植入養殖場豬隻之耳朵,包括基因、餵食、打預防針等全部養殖過程均有明確、詳細的記錄,透過RFID標籤,終端消費者可掌握肉品生產之完整資料,消費更安心。國內具代表性的精緻速食連鎖專賣店摩斯漢堡因應樂活趨勢,試圖以附有生產履歷的原材料為其漢堡新商品加分,強調以無污染、無農藥的高山高麗菜讓消費者安心。

圖2-24 摩斯漢堡標榜以附有生產履歷的高山高麗菜作為漢堡材料

6-3 RFID之應用效益

一、強化供應鏈管理

Wal-Mart、P&G與MIT的RFID研究計畫成果顯示，運用RFID自動讀取商品資訊，存貨管理由過去95%的準確率提升至99%。

二、提高資產管理效能

RFID條碼比一般商品條碼提供更多的商品資訊，例如可即時追蹤商品位置，使企業可更快速追蹤其可用資源。英國啤酒公司（UK Brewery Scottish & Newcastle）利用RFID的資產管理系統，每年節省2,500萬美金。

三、提高顧客滿意度

使用RFID的賣場管理系統，可大幅提高顧客滿意度。美國Mobil的RFID付款系統，使平均3.5分鐘的付款速度降低至30秒，平均顧客滿意度提升20%。

四、強化物流效率

RFID可加速物流作業、增加存貨週轉。RFID感測器不僅能監控物品數量、儲存時間,還可適時監控物品存放環境是否適宜,包括溫度、濕度及光照等物理環境,對於生鮮產品,時效的提高與商品品質的提升有絕對性關聯。英國零售商J. Sainsbury運用RFID使入庫時間由2.5小時減為15分鐘,大幅提高存貨週轉率。

§ 討論問題 §

1. 試分別從製造商、批發商、零售商及消費者角色,簡述商品條碼之應用效益。
2. 舉兩例說明商品條碼之應用。
3. 以物流出庫作業為例,比較傳統作業方式與運用RFID標籤作業方式之差別。

第 **3** 章

賣場管理

第一節　賣場規劃

　　1-1　什麼是賣場？

　　1-2　賣場構成要素

　　1-3　賣場規劃原則

第二節　賣場規模之決定

第三節　賣場規劃要點

　　3-1　店觀

　　3-2　視覺區

　　3-3　展示面

　　3-4　自助服務區

　　3-5　其他內部規劃項目

第四節　顧客動線規劃

　　4-1　動線意義

　　4-2　動線規劃的要領

　　4-3　動線規劃的效益

第五節　商品配置規劃

§討論問題§

賣場規劃得當與否，關係著能否讓顧客在舒適的空間裡享受購物的愉悅感，因此，賣場設計不僅須掌握顧客需求、設計合理化、舒適氣氛、企業理念等不變的原則，同時也要活用季節變化、潮流趨勢等可變的彈性。而在變與不變之間，牽涉很多經營管理技術，因此唯有業者不斷適時調整與因應，才能真正為消費者創造一個最舒適的賣場空間，也為經營者創造更高的銷售業績。

　　在探討如何運用自動化技術以提高流通業經營管理效率與品質之前，宜先做好賣場規劃設計之準備，因為縱有再好的技術與管理為後援，仍賴完善的賣場將商品銷售予顧客，亦即唯有良好的賣場規劃管理，現代化自動化技術的應用，才可能真正發揮效益。

第一節　賣場規劃

1-1　什麼是賣場？

　　賣場是店主與顧客以金錢與商品從事交易的場所。各家店因商圈的不同，客層也不同，「客層定位」是商店規劃賣場前須妥善考慮的因素。賣場是一個舞台，是店主、顧客與服務人員所共同演出的場所，而搭配演出的就是商品，當一齣戲上演時，如果舞台的設計能與演員、道具達到相得益彰的效果，必然是一齣叫好又叫座的戲。在瞬息萬變的時代，消費心態隨時改變，當賣場不再高朋滿座時，必須重新檢討舞台的設計是否已趕不上潮流或已遭唾棄。我們可以圖3-1描繪賣場之活動。

●消費者對賣場的關心程度

　　賣場是一個以消費者為主角的舞台，那麼消費者關心的舞台，應該是一個怎樣的舞台呢？

　　日本業者針對此問題，曾在一個52,000人的商圈內，發出了2,000份問卷，回收了1,600份，所得的結果如圖3-2所示。

　　調查初期，業者都預設「商品價格」可能為顧客對店舖關心程度之主要影響因素，然而結果並非如此。從圖3-2我們可知，「開放式店舖」占25%，「清潔明亮的店舖」占14%，「陳列商品容易選擇」占15%，可見這些消費者最關心的問題，即為賣場配置、規劃所要思考的問題。

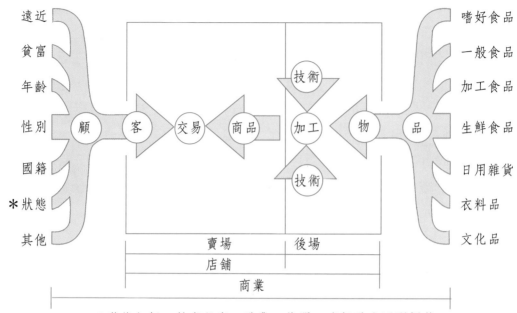

＊狀態包括：教育程度、職業、休閒、嗜好及生活習慣等。

圖3-1　賣場概念圖

資料來源：超級市場經營管理技術實務，經濟部商業現代化系列叢書

圖3-2　顧客對店舖的關心程度

資料來源：同圖3-1。

1-2 賣場構成要素

　　賣場的類型有很多種，但是每一種賣場的構成要素都是由人（顧客與員工）、空間（內外賣場）、商品（有形與無形商品）三者組成。賣場構成三要素間相互關係極為密切，參見圖3-3。

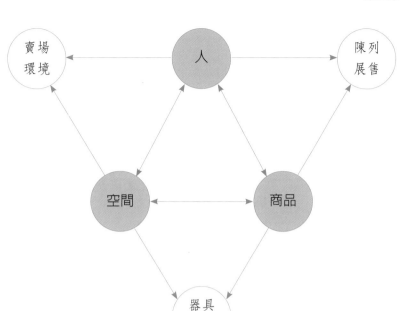

圖3-3　賣場構成三要素之關聯

一、「人」與「空間」

「人」與「空間」的關係會衍生為具體的賣場環境，賣場外部環境如設店位置、交通條件、商圈結構、消費結構、同業競爭、異業結盟、上游廠商配合、賣場外觀、停車設施、廣告招牌和視覺引導等。內部環境包括內部裝潢、公共設施（如化妝室、電梯、消防等）、收銀櫃台、動線通道、陳列設備、生財器具（如冷凍櫃、食品機器等）、基本設備（如照明、空調、音響）、管理設備等。

二、「商品」與「人」

「商品」與「人」之間的資訊傳遞，是靠著員工的陳列技巧和服務作業流程，將商品資訊傳達給顧客，達到有效的展售效果。

三、「空間」與「商品」

商品在賣場要表現出最好的展售效果，須依賴有形的器具設備。商品的質感與價值經由器具設備的陳列，直接展示在顧客眼前，此即「空間」與「商品」所衍生的關係。

1-3 賣場規劃原則

　　有特色的賣場，本身就是一種賣點，顧客以心意認同賣場的規劃，進而購買裡面的商品，所以規劃賣場時就必須掌握住以顧客為導向的基本理念和原則。換句話說，不能只是把賣場當成容納商品的空間，要從消費心理層面來思考賣場的內涵，才能掌握規劃的真正意義。

　　事實上，我們常發現有很多賣場在開店後的幾年甚至幾個月內就被迫停業或轉讓，究其原因並不是外在環境的經營策略問題，大都是開店時過於草率或太主觀，沒有掌握住規劃的真正理念與原則，造成失敗的結果。例如，以麵包店來講，常有麵包師傅學成之後，急就章的開店，卻嘗到失敗後果而轉讓。然而，經過接手的業主重新規劃改裝後卻可以創造好的業績，其規劃重點以商品的訴求風格（如歐式麵包風格），強調前場的內部裝潢、動線規劃、展示陳列、燈光氣氛等整體效果，使新賣場有別於生硬感覺的傳統麵包店，讓顧客在溫馨的氣氛下購物。在交易過程當中，好的賣場形象令顧客印象深刻，是使其再次光臨之重要因素。

　　賣場規劃的基本背景應包含四大要點：㈠賣場是為方便顧客選購所需的商品；㈡賣場通道是為方便顧客而設計的；㈢賣場規劃須以商品為基準考量；㈣考量商品與陳列的互動關係。

　　綜合前述，賣場規則的主要原則如下：

一、顧客需求原則

㈠使顧客容易進出店舖

　　商店的規劃，必須時時思考如何讓消費者很「容易」、「自然」的進入店中。因為一個賣場，即使產品豐富、價格便宜、服務親切，但如果顧客不願進來或不知道進來，一切都是枉然。所以，如何讓消費者「很容易的進來」，是賣場規劃的最高原則。

㈡使顧客停留得更久

　　根據統計，至超級市場消費之顧客中，屬目的性購買者僅占30%，換言之，約有70%的消費行為屬於衝動性購買。也就是無特定購買目的的消費者，

在商店中受到商品之內容、店員推銷、包裝，或正在舉辦特賣等因素之影響而購買。所以當消費者進入商店，商店便已展開銷售行為，此時必須規劃的第二個原則是，如何讓消費者在店裡面停留得更久，可運用的優勢包括：

　　1.消費者衝動性購買愈來愈多。

　　2.消費者停留得愈久，買得愈多。

　　為達此目的，可從兩方面著手：

　　1.創造優勢條件

　　也就是要創造消費者願意留下來的條件。此時商店的規劃人員必須思考，如何做才會讓消費者願意留下來。當然，如前述調查所示的兩個重要因素，「清潔明亮的空間環境」與「陳列商品容易選擇」是一定要考量的。此外，如良好的空調、音響、親切的服務態度，也是消費者願意久留的原因。

　　2.排除「不適」因素

　　要排除讓消費者在賣場感覺到不舒適感的因素。例如，通道太窄，消費者於選購商品時常會受到他人過路擠、撞的影響；又如音響太過吵雜、粗俗，服務人員的態度不佳等，都無法讓消費者久留，消費者衝動購買的機率自然會減少。

　　㈢讓顧客能夠安全方便的自由選購

　　顧客進入賣場之後，總是希望在一個安全無慮、方便自由的空間享受購物樂趣。如果顧客發現賣場空間有安全顧慮時，或者無法自由自在的選購，比如通道髒濕容易滑倒、商品擺設搖搖欲墜、店員過度跟催，均可能降低購買意願，且無形中逼迫顧客離開賣場。

　　㈣讓顧客能夠清楚了解商品陳列

　　商品的擺設除了講究技巧及創意，最基本的是標示明確、排列整齊、有系統的配置；將相關商品陳列在一起，提高顧客的聯想性購買動機；不可因過度追求創意而造成雜亂陳列，模糊了顧客的選購視線。

二、賣場合理化原則

　　賣場合理化原則指賣場規劃設計時，要以顧客需求為導向，包括賣場設施合理化、設備器材合理化、動線流程合理化、商品擺設合理化、空間配置合理

化等五方面。

㈠賣場設施合理化

如停車設施的坡度太大、彎度過大、車位及車道太窄等不合理的設計,都會使消費者產生進出的壓力,甚至畏懼而不敢前往,不僅失去設施的功能,更直接影響來客數。另外,殘障者進出設施及顧客公共設施(如休息區、化妝室等),都是不可或缺的規劃。前場的天花板高度隨賣場規模加大而調整,太低的天花板容易讓顧客產生壓迫感。

㈡設備器材合理化

如小型便利商店的商品架高度設計為135～150公分,使賣場整體視覺更為寬敞。其層板架的深度由下(45公分)往上愈短的階梯型設計,避免顧客碰撞到上層層板架,也提升了商品展示效果。

㈢動線流程合理化

動線是以單向設計為原則,讓顧客很自然地沿著商品配置流程,輕鬆的走動選購。若是發生顧客常碰撞擠在一起或對走動方向不知所從,表示動線有規劃不良之處。比如當顧客進入賣場時,沒有規劃主要通道、引導顧客直接走到主力商品區,此時顧客必定會分散到各通道,沒有遵循方向,造成消費流程混亂。常見很多賣場的收銀區發生擁擠現象,是因結帳區太靠近入口處或者沒有規劃適當的迴轉空間所致。

㈣商品擺設合理化

依據商品的分類,將關聯性商品有計畫性的以不重複、不回頭的設計方式,陳列於顧客眼前。此合理的擺設方式,當然也需要考慮商品特性、價值性、週轉性、規格大小與輕重、陳列安全等因素。例如在超級市場裡,冷凍食品及包裝米通常擺在動線尾端或靠近結帳區,避免冷凍食品軟化和節省提領的重量負擔。

㈤空間配置合理化

賣場是商品、設備、顧客、員工產生交易行為的主要空間,每個區域及賣點位置合理規劃,才能發揮最有效的利用功能,否則不僅浪費空間,甚至直接影響營運績效。空間配置合理化並非是完全將賣場填滿商品,而是考慮到顧客

購買需求及習慣、善加運用器材設備、利用平面與立體的陳列空間。例如，賣場的出入口應預留足夠空間、賣點區域應按照主力商品及顧客購買習慣順序配置、運用器材設備將商品立體陳列或儲存、利用賣場牆壁和柱子發揮商品展售效果，以達到空間不浪費、不擁擠，適合顧客走動、方便選購的條件。

第二節　賣場規模之決定

商店所在地點是否有利，可從商圈內的調查得知。商圈內的購買力是營業的背景與後盾，從商圈內國民消費支出的「食品」支出，可以決定商店所在地點是否合適，以及營業場地的面積、適當的規模。以下說明如下：

1. 第一商圈內的居住戶：1,000戶
2. 第二商圈內的居住戶：2,000戶
3. 第三商圈內的居住戶：3,000戶
4. 每月每戶的平均支出額：10,000元／戶

則：

第一商圈的支出總額：

10,000元 × 1,000戶 = 1,000萬元

第二商圈的支出總額：

10,000元 × 2,000戶 = 2,000萬元

第三商圈的支出總額：

10,000元 × 3,000戶 = 3,000萬元

在第一商圈的市場占有率，假定為35%，則

1,000萬元 × 35% = 350萬元

在第二商圈的市場占有率，假定為10%，則

2,000萬元 × 10% = 200萬元

在第三商圈的市場佔有率，假定為5%，則

3,000萬元 × 5% = 150萬元

合計上述各項，則該商店每一個月的營業額預估為350萬 + 200萬 + 150萬 = 700萬。

假設商店的坪效每日為1,500元，則每月每坪的營業額為：

1,500元 × 30日 = 45,000元

則賣場坪數為700萬元 ÷ 4.5萬元 = 155坪

又營業場所和倉庫、辦公室的比例是8：2，那麼這家商店總共就需要155÷0.8 = 193.8坪的面積。

商圈的設定需考量實際狀況，如大馬路、橋樑、鐵道隔絕等因素。小店鋪大都以300公尺為範圍，較大店鋪則以500公尺為範圍。一般家庭主婦，1分鐘約走70公尺，500公尺須花7分鐘，往返須15分鐘，買東西要30分鐘，總結下來，上市場的時間約須花45分鐘。如果走300公尺往返須9分鐘，加上購物30分鐘，則上市場要花40分鐘。商店業者應以店鋪為中心，依上述方法，排除各種可能之障礙，實際算出商圈內之住戶，就可預估出自己所需之賣場面積了。

至於市場占有率，則需考量商圈內之競爭狀況。如果在1公里內有5家以上大型競爭店，屬非常激烈競爭區，市場占有率約以上述為準；如果1公里內有2～5家大型競爭店，則屬普通競爭，市場占有率可酌予提高。

計算出賣場應有的規模之後，還須考量下列幾點：

1. 資金多寡。
2. 租約期限。
3. 未來發展潛力。

第三節　賣場規劃要點

流通業經營型態極為多樣化，便利商店、超級市場、專賣店及量販店等各種賣場型態多所差異，配合經營業種之不同以及商店設置地點之不同，賣場之設計有不同考量。本章節僅以便利商店為主要對象，列述其賣場規劃重點，其他業態之賣場設計除參考本章節所述相關共通性要項外，須針對自身性質與條件調整規劃重點。

3-1　店觀　

一、招牌廣告效果及色系選擇

1. 招牌不宜太低，會影響安全，太高則視覺不舒適。
2. 橫式招牌儘可能採ㄇ字型設計，增加招攬效果。
3. 色系選擇以溫馨、明亮、清楚、容易記憶的色系為原則。

4. 直立式招牌及騎樓下小招牌，對距離較遠的開車顧客及騎樓下行走的顧客有吸引效果。

二、騎樓柱子及鋁門窗

1. 騎樓柱子考慮與招牌色系結合，形成一致性的廣告效果最好。
2. 鋁門窗寬度、高度、透明度，均會影響店觀形象。基本上，鋁門窗寬度愈寬，店觀愈好，但基於安全考量，仍須考慮1～2公尺有鋁柱子間隔；而鋁門窗高度以215 ± 5公分為宜，上緣再封鋁板避免透光；鋁門窗玻璃一般使用0.5～0.8公分厚清玻璃。此外，鋁門窗為求安全、美觀，於鋁門窗下緣算起高90公分的地方，加貼色帶效果更好。
3. 自動門設計，為了考慮顧客購物進出方便及來客數集中所設計的門，分為單扇門寬120公分、雙扇門寬150公分兩種，門高215公分，使用0.5～0.8公分強化玻璃，於收銀台內設置一個緊急控制開關，並裝有自動叮噹鈴及紅外線電眼掃描器。

3-2　視覺區

一、產品導引線

應用賣場貨架的陳列與阻隔，引導顧客購物方向，並考慮貨架上商品的關聯性陳列而增加購買量。如圖3-4所表示：

1. 引導顧客對「便當」、「壽司」、「三明治」等日配品購買後，再繼續引導顧客往左邊走，其右手壁面則陳列「麵包」，其對面則陳列一系列「速食麵」。
2. 引導顧客往左邊轉彎，經過冷藏冰櫃及零嘴食品。
3. 引導顧客購買非食品類的用品及書報雜誌，最後引導顧客於結帳區快速結帳或購買衝動性商品。

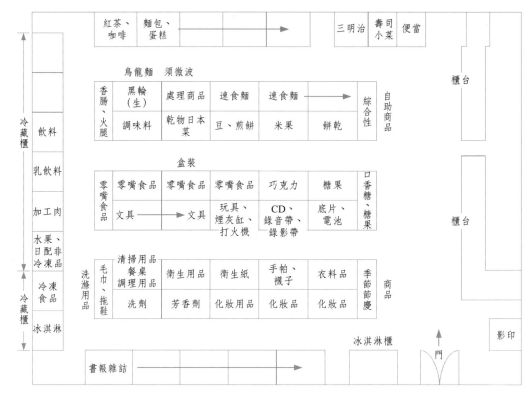

| | | 紅茶、咖啡 | 麵包、蛋糕 | | | → | | 三明治 | 壽司小菜 | 便當 |

圖3-4　日本便利商品賣場規劃圖（1992年10月）

二、關聯陳列增加購買量

中央島型貨架尾端（即所謂端架）陳列袋裝糖果、零嘴食品、季節性商品等高毛利、衝動性購買的商品。其橫面貨架上陳列「底片」、「電池」，效果最好，如此銷售量為分開陳列時的兩倍。

3-3　展示面

1. 冷藏（凍）直立式冰箱展示面要好，且要避免分散，應集中相互連貫在一起。冰箱內部陳列使用滑道設計，採15～30度下滑，使陳列面增大、可自動補拉排面的設計。

2. 使用中央島型貨架尾端（即端架），並交互應用網架，使用勾把式掛勾陳列，這樣可比一般橫面貨架銷售量增加50%以上。

3. 整個賣場貨架、自動服務區設備及冰箱的高度，可考慮由低而高、由內而外遞增，提高視覺效果。

4. 運用陳列架擺設方式，以增加商品展示面，提高銷售機會。圖3-5所示島型貨架採斜式的設計，與顧客的視覺焦點呈45～90度的效果，而非一般島型貨架直排式的設計，與顧客的視覺焦點平行，降低了商品陳列展示面，影響銷售機會。

5. 避免賣場死角或凸出的阻擋，顧客購物當然會選擇寬敞舒適的地方，死角或凸出的阻擋要避免。圖3-5所示於櫃台區後的©區是一死角，所以陳列的商品銷售情況比較不理想，考慮調整©區貨架，拉至櫃台前面較好。

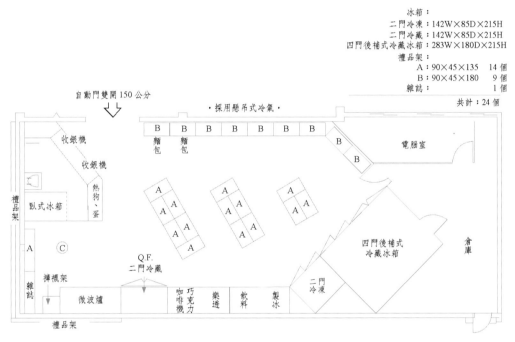

圖3-5　統一麵包加盟店定寧店賣場規劃圖（1989年4月）

3-4 自助服務區

　　對於便利商店來說，自助區的商品迴轉快、毛利及附加價值高，是獲利的主要來源（平均日迴轉至少1次，毛利率在40% ± 10%以上），而且能夠滿足顧客即刻需求及自己動手操作自助區設備的樂趣，並減少店職員工作負荷，是一項非常成功的賣場規劃。其設備包括：

　　1. 含CO_2飲料機及製冰機。

2. 含CO_2雪泥冰機。

3. 冰紅茶機、霜淇淋機。

4. 熱狗機及麵包保溫箱。

5. 茶葉蛋及關東煮機。

6. 蒸包機、熱罐機及咖啡機、咖啡吧。

7. 微波爐、熱水機。

8. 現烤麵包設備保溫櫃。

9. 提供顧客即刻食用的服務台。

10. 其他陸續添購的設備。

這些設備組成自助服務區，並與櫃台區結合形成便利商店最重要的賣場規劃，合計占有全店營業面積的三分之一，占有全店最好的陳列空間，是全店獲利的主要來源。

3-5 其他內部規劃項目

1. 貨架與貨架間之走道要寬敞，至少90公分以上；冰箱與貨架或自助服務區與貨架間的走道，保持120～150公分以上。

2. 走道中間及靠鋁門窗之貨架以配置高度135公分左右，可維持店內、外的明亮及舒適感為原則，而靠壁面陳列架可考慮180公分高度，增加陳列空間。

3. 後補式冰箱（Walk-in）設計或後開式（Reach-in）冰箱設計，提升補貨效率及產品先進先出的作業方便性。

4. 商店照明：

　(1)招牌照明：為了招牌明亮與美觀，必須使招牌內的燈管平均分布，且每一個燈管與燈管兩端鋁頭的部分要重疊約5公分，以避免招牌上燈光的陰影，如圖3-6所示。

　(2)店內照明：燈管單支不留間隙排列，每列間距60公分設計，如圖3-7所示。

5. 雜誌區、CD、錄音架的規劃：隨著國民所得的提高，這類商品在便利商店的地位亦逐漸重要，它們可吸引來客駐足停留觀賞。以日本7-ELEVEN為例，1992年共賣出雜誌27,000冊，尤其每週一出刊的暢銷漫畫雜誌，一天即可賣出數百冊，連擺放雜誌的貨架都因受不了負荷導

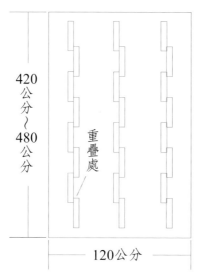

圖3-6　直式招牌內燈管排列

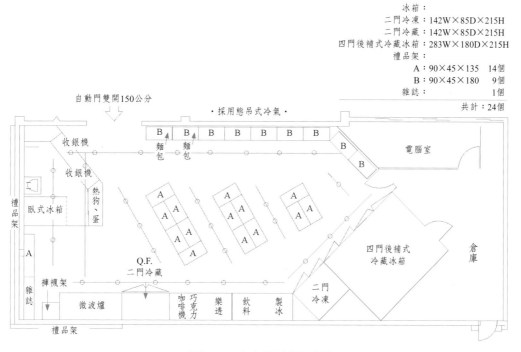

圖3-7　店內照明規劃圖

致鐵架彎曲，所以將貨架內側再補強兩支鐵架支撐。

　　雜誌區的產品可說是便利商店的明日之星，雜誌架的數量亦會逐漸增加，因此可考慮設計在賣場的黃金地段。

　　6.賣場氣氛塑造規劃：

　　⑴賣場色彩效果：以企業識別系統色系為主，結合賣場內設備外觀顏

色，賣場內裝潢色彩要能協調，最好以主色系的2～3色來發揮，避免使用太多顏色而過於複雜，最好朝向線條表示來設計發展。

(2)選擇播放輕鬆愉快的音樂或非廣告色彩的輕音樂較好。但須注意勿播放未授權於公眾場所播放的歌曲，以避免違反著作權法規定。

(3)店內恆溫控制在令人舒適的攝氏25 ± 5℃內。

(4)節慶日配合氣氛布置；情人節以感性浪漫為訴求，中秋節、春節團圓則以喜慶為訴求，聖誕節以活潑快樂為訴求。

(5)店員服務態度是最重要、最有效的塑造賣場氣氛要領之一，日本7-ELEVEN成功之道，其理念有二：「待客之道令顧客滿意，對商品結構非常用心及注重」。

第四節　顧客動線規劃

4-1　動線意義

顧客動線的意義，簡單地說就是規劃「One Way Control」的設計，亦即為「單向道設計」，讓顧客購物過程中儘可能依貨架排列方式，將商品以不重複、不回頭走的設計方式陳列，很自然地展示給顧客。

4-2　動線規劃的要領

1. 考慮店出入口與收銀台區隔之動線，以流暢的方式設計自動門位置與收銀台銜接，而不致造成進出碰撞。
2. 收銀台儘可能設計於店出入口的左側，引導顧客向右走。
3. 避免收銀台顧客結帳與顧客購物動線衝突，收銀台與貨架距離應保持150公分以上。
4. 流暢動線以大圓（或橢圓）環繞為佳，且由右方向左方環繞賣場。
5. 長條型店面由於店面寬度不夠，收銀台設計不妨收縮，使自動門入口處留一緩衝區。
6. 收銀台設計應避免直接阻擋顧客，造成反效果。

4-3　動線規劃的效益

一、商品銷售機會增加

便利商店顧客中約有75%是屬於衝動性購買，拉長顧客的動線，即是拉長產品導引線，勢必提升顧客購買慾及銷售機會。衝動性購買行為分為三種類型：

㈠瞬間衝動購買

顧客購物完全沒有計畫的購買。

㈡增加購買

顧客在店內有計畫的購買某一特定型態及包裝的商品時，因為注意到其他口味、包裝、相關聯的商品，順便額外購買。

㈢品牌轉移

顧客計畫購買某一特定品牌商品，當他在做選擇時，其他品牌卻吸引其注意，並轉而購買。

二、加強顧客停留時間

動線的規劃，除了希望維持顧客購物時的順暢，還要考慮能增加顧客停留店內的時間，引導顧客多瀏覽店內商品，激發顧客潛意識的商品需求。

三、強化商品告知功能

在顧客決定購買行為前，必須認知商品功能，所以賣場動線規劃必須讓顧客能充分了解商品資訊並且記憶，當顧客有需求時，就會主動地到店購買。另外，根據研究得知，顧客對每一系列商品告示停留駐足時間不會超過2秒鐘，因此必須在2秒鐘內把商品功能告知顧客，使其決定是否購買。

四、自動入店效果

賣場內流暢的動線規劃，會吸引店外顧客的進門，這是一種自然的力量，

同時若在店外設計創意告知牌、音響效果、地板顏色導引，會有相輔相成的效果。

第五節　商品配置規劃

由於店面租金高漲，使得零售店之經營成本大增，尤其對於低利潤率的一般民生用品零售等而言，面對高成本的壓力，不得不積極規劃，謹慎選擇販賣之商品，以創造最佳的坪效。

以超級市場而言，販賣商品品項數少則4、5千項，多則1、2萬項，以往商店的經營，幾乎不談「商品規劃」，而且還有很多所謂的「寄賣品」，這不但占了寸土寸金之陳列架，影響了其他商品之引進，更嚴重的是商品沒有經過規劃，結果是消費者想買的沒有，而消費者不想買的卻又占據貨架，造成了庫存資金的積壓。以下提供有關商品配置規劃之幾點原則：

一、面積之分配

比照賣場規模決定之計算方式，可計算出商店為滿足消費者需求之最有效與最經濟的面積，而這些面積要如何進行商品配置呢？

㈠根據國民消費支出比率，並參照現有同業平均比率做畫分

以超市為例，假設每一坪所能陳列的商品品項數相同，那麼為滿足消費者之需求，我們的賣場各項商品的面積配置比率應與國民消費支出的比率相同。然而，因目前超市之商品結構比與國民消費支出之結構比有很大差異，加上各項商品因陳列方式的不同，所需的面積也有很大差異。但我們仍需以此數字做基準，做最簡單之分配後，再做調整，各部門比率如表3-1所示：

表3-1　國民消費支出比例與超市商品比例

部門	國民消費支出結構比	超市結構比
果菜	24	12～15
水產	11	6～9
畜產	19	12～16
日配	9	17～22
一般食品	7	15～20
糖果餅乾	7	8～12

部門	國民消費支出結構比	超市結構比
乾貨	10	10〜15
特許品	6	3〜5
其他	7	4〜6

㈡參考競爭對手的配置，強調自己的特色

在做賣場配置前，可以找一家競爭對手或模仿的對象，先了解對方的賣場配置，例如甲店是競爭店，擁有300呎的冷藏冷凍展示櫃，其中蔬果70呎、水產50呎、畜產60呎、日配品80呎，接著就要考慮自己的賣場狀況，如果我們的賣場較甲店大，當然我們可以擴充上述設備，可陳列更多的商品來吸引顧客。如果我們的面積較小，則應先考慮可否縮小其他乾貨之比例，以增加生鮮食品之陳列面積。經營成功，往往也就認定了超市之成敗，在各店特色方面，可針對各店較優勢的類別予以強化，而縮減其他類別商品。

部門別之面積分配做好後，應再依中分類的商品結構比率，做中分類商品之分配，最後再細分至各品項，就完成了陳列面積配置。

二、商品配置

超級市場的動線規劃是由商品來導引，而商品的配置必須符合消費者的購物習慣。

據調查，通常消費者到市場的購物順序如下：

果菜→醬漬菜→肉類→魚類→冷凍食品類→調味類→糖果餅乾、飲料、速食品→麵包→日用品。

依據上述購物習慣，並綜觀目前國內之超市，無論是日資或港資，大都呈現圖3-8之配置，足見這已形成一種習慣與經驗，也是最符合消費者需求的格局，可提供予新開店者參考。

根據美國農務部的調查報告，新鮮蔬菜、水果之販賣地點如擺在進口處，其營業額通常較高，且新鮮蔬果是消費者每日必購之物，擺在門口，較容易吸引客人。果菜的顏色鮮艷，可以加深客人之印象，較能表現季節感。水果的大量陳列，可以給消費者豐富的感覺，所以絕大多數的超級市場，都將果菜類擺在入口處。

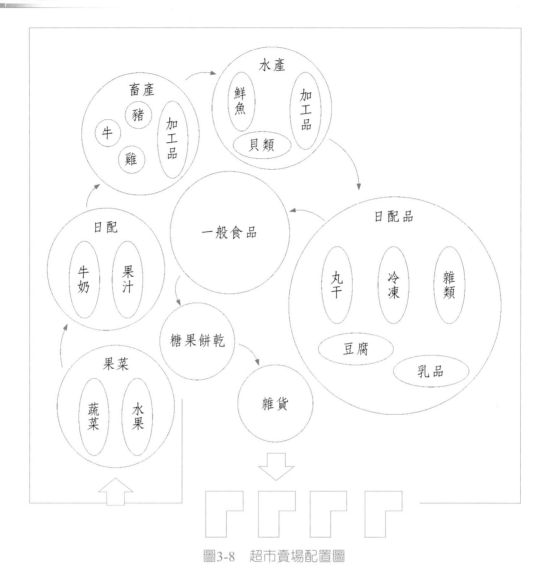

圖3-8　超市賣場配置圖

　　日配中的牛奶與果汁，由於購買頻度高，銷售單價又高，且已成為現代人生活的必需品，故多數的超市逐漸將該商品往動線之前端移動。而在日本，水產品通常在畜產品之前，主要也是消費習慣的不同。

　　此外，配置也要注意關聯性，落地式貨架的兩側部分，不得陳列關聯性之商品，因為通常顧客是依貨架的陳列方向行走，很少再回頭選購，所以關聯性之商品，應陳列在通道兩側，而不適於貨架兩側，如圖3-9所示。

錯誤的關聯性陳列

正確的關聯性陳列

圖3-9　貨架陳列圖

三、磁石理論之運用

所謂磁石，是指商店中最吸引消費者眼光注意的地方。其之所以會吸引消費者的眼光，原因是運用了商品配置以及促銷之技巧，以吸引消費者之注意。故所謂磁石理論之運用，就是在商品配置時，於各個吸引消費者眼光的地方，配置適宜之商品，以利銷售，並導引消費者能逛完整個店舖，以增加衝動購買。

磁石的位置，以圖3-10表示之。

磁石理論與商品之配置，說明如下：

㈠第一磁石：主力商品

第一磁石位於主通路之兩側，是消費者必經之地，也是商品銷售最主要的地方，此處應配置的商品為：

　1.消費量多的商品

　2.消費頻度高之商品

消費量、消費頻度高的商品，是大多數消費者隨時要使用的，也是時常要買的，可將其配置於第一磁石的位置，以增加銷售量。

　3.主力商品

第一磁石之販賣，固然以主力商品為主，但這些商品，同業間也大多有這

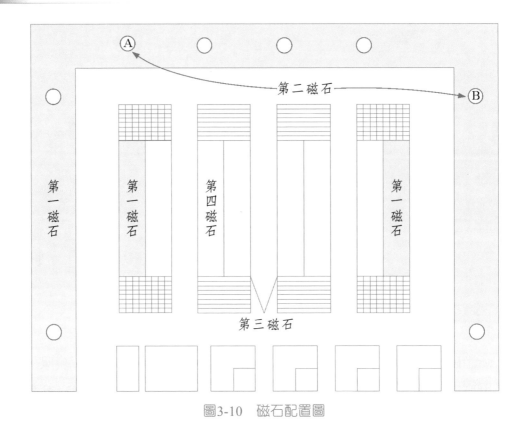

圖3-10　磁石配置圖

些品項，消費者很容易比較，故如何創造價格的優勢，非常重要。

㈡第二磁石：重視演出之商品

第二磁石位於次通路的末端，通常是在商店的最裡面，第二磁石商品負有誘導消費者走入賣場最裡面之任務。通常消費者走入賣場的最裡面，發現缺貨的狀況非常多，那麼應如何配置第二磁石的商品呢？

1.最新的商品

消費者總是不斷追求新奇，十年不變的商品，就算品質再好、價格再便宜，也很難販賣。新商品的引進，當然伴隨著風險，必須要有勇氣。我們將新商品配置於第二磁石的位置，必會驅使消費者走入賣場的最裡頭。

2.具季節感之商品

具季節感之商品，必定是最富變化的，我們可藉節氣之變化做布置，也可吸引消費者之注意。

3.明亮、華麗之商品

明亮、華麗之商品，通常也是流行、時髦的商品。由於第二磁石的位置都較暗，故須配置較華麗之商品。當然在燈光的補強上也非常重要，如果一般的燈光是800Lux，則第二磁石的燈光應補強1,000Lux。

㈢第三磁石：端架商品

第三磁石指的是端架的位置。端架通常是基本的目標、面對著出口，也就是消費者就要離開了，第三磁石的商品就是要刺激消費者、留住消費者。

可配置如下之商品：

1. 特價品。
2. SB、自有品牌之商品。
3. 季節性商品。
4. 具第一磁石商品條件、高頻度之商品。

特價之商品，通常以價格便宜來刺激消費者，所以我們要用自有品牌或具季節感的商品來增加利益額，可以下列方式配置：

高頻度　　特價　　高利潤　　季節感

㈣第四磁石：單項商品

第四磁石指在陳列線的中間，是要讓消費者在長長的陳列線中間引起注意的位置。這個位置的配置，不能以商品群來規劃，而必須以單品來規劃。我們可用下述方法，對消費者表達強烈之訴求：

1. 運用輔助陳列器材以吸引消費者，如突出陳列。
2. 想販賣的商品，要有明顯之說明。
3. 特意的、大量的陳列。

四、結論

賣場的配置與規劃，主要在充分利用空間，創造一個讓消費者感覺舒適的購物環境。隨著消費水準的提高，消費者的購物習慣、需求隨時都在改變，賣

場的配置與規劃，也要隨著消費者的脈動而改變。據資料顯示，一個賣場大都有20%的商品常為消費者所忽略，業者如能努力找出這些盲點，將有助於坪效之提升。

賣場規劃是一項牽涉極廣的經營管理技術，業者須不斷地學習與研究，才能規劃出最吸引顧客的賣場。

§ 討論問題 §

1. 試說明賣場構成之三要素及其相互關係。
2. 試論述賣場規劃之主要原則。
3. 試說明顧客動線規劃之效益。
4. 試舉例說明商店如何運用磁石理論於賣場之規劃、商品配置。

第 **4** 章

銷售點管理系統（POS）

第一節　何謂POS？

　　1-1　POS系統之定義

　　1-2　POS系統架構

第二節　POS系統之配備

第三節　POS系統之功能

第四節　POS系統導入之程序

第五節　POS系統之效益

第六節　POS系統應用實例

§討論問題§

第一節 何謂POS？

1-1 POS系統之定義

POS（Point of Sales）稱為銷售時點情報管理系統，此系統是經由光學自動讀取式的收銀機，將每種單品所蒐集到的銷售情報，與進貨、配送等階段所發生的各種情報送至主電腦，再透過電腦的處理及加工後，分門別類地將商品進銷存的資訊傳到各部門，進而達成隨時調整行銷策略，並提供經營層作管理決策之依據。

過去零售商店的現金收銀機，主要的任務是掌握顧客的消費金額，但在POS系統中，POS收銀機還同時具有電腦終端機的機能，它可以正確、快速且詳細地掌握每單一產品的銷售情報，並且提供給零售業必須的經營資訊。

1-2 POS系統架構

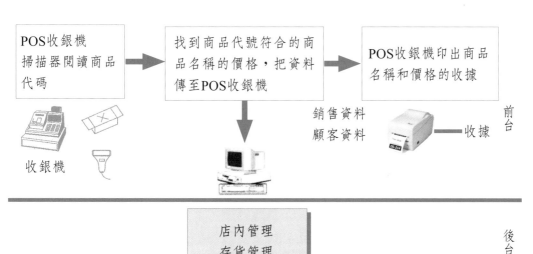

圖4-1　POS系統作業概念圖

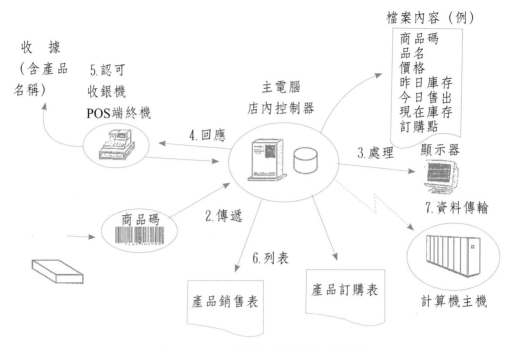

圖4-2　POS系統資料處理作業架構

第二節　POS系統之配備

POS系統之軟硬體設備，依作業方式之不同，可分成前台與後台兩部分。

一、硬體設備（參閱圖4-3POS系統的硬體配備）

㈠前台

　　包括條碼閱讀設備及收銀設備，是用來統籌一切商品交易處理及交易資訊的蒐集。

```
1.條碼閱讀設備
 ・光筆
 ・手持式掃描器
 ・固定式掃描器
 ・磁卡閱讀器（貴賓卡、預付卡、信用卡之結帳處理）
 ・IC卡閱讀器
2.收銀設備
```

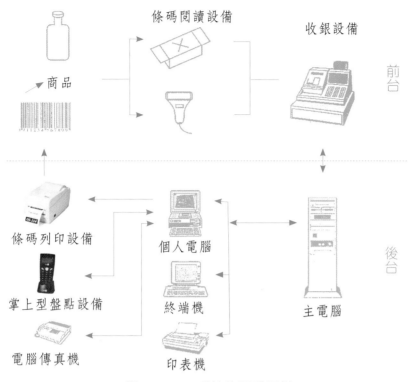

圖4-3　POS系統的硬體配備

1. 條碼閱讀設備

又稱光掃描器或光學讀取器，可分為筆式（Pen Scanner）、手握式（Hand Held Scanner）及固定式（Slot Scanner），以及配合貴賓卡、信用卡及IC卡支付之磁卡及IC卡閱讀設備，可以依照商品的特性和賣場之大小而選擇。

光筆

手持式掃描器

固定式掃描器

圖4-4　條碼閱讀設備

2. 收銀設備

除具有金錢管理、開具發票或收據之功能外,並透過通訊介面把資料即時傳送給控制電腦。常見之收銀設備有:智慧型收銀機(TEC M2300)、非智慧型收銀機(如TEC MA141)+資料控制儀(Fancy Box)及第三代收銀機。所謂第三收銀機指的是個人電腦與收銀機合而為一。

一般而言,大型賣場,例如百貨公司或超級市場,大多透過控制電腦來負荷較多的電子收銀機,小規模的零售店或設置大量電子收銀機的賣場,則可以直接與個人電腦連線做即時的資料處理。

台灣資生堂化妝品公司近年積極導入POS系統,門市店員正在以手持式掃描機掃描商品條碼,為顧客結帳。結帳資料直接傳輸到POS系統,連結到存貨資料庫中。

圖4-5　資生堂門市的POS系統結帳作業

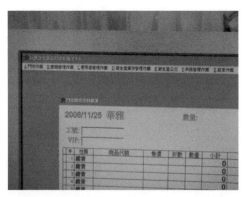
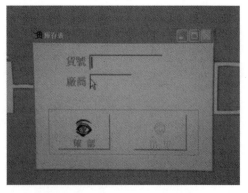

高單價的保養及彩妝商品,每季均有新品上市,新舊品項相當多,運用POS系統可輕鬆進行進銷存管理及銷售分析,POS系統每天即時傳送門市銷售資料給總公司,各門市每個月無須再一一填寫銷售報表交給總公司。

圖4-6　資生堂門市的POS系統操作畫面

圖4-7　POS 收銀機

㈡後台

後台包括電腦系統、條碼列印設備、盤點設備、資訊傳輸設備等，負責商品資料的建立及儲存，記錄並分析前台所蒐集的資訊，提供採購及盤點的資訊、列印條碼等。

條碼列印機	盤點設備
主控機	傳輸設備
主電腦	
印表機	

條碼印製機　　　　　　　　　　　　　盤點機

圖4-8　POS系統相關設備

1.條碼印製設備

主要為印製條碼，可分為熱感式、噴墨式和雷射印表機三種，列印方式則有單機直接設定列印，和與電腦連線配合整體系統的列印方式。

2.控制電腦

設置在銷售現場之控制電腦，提供對上（主電腦，Host Computer）和對下（電子收銀機）的資料傳輸，並儲存POS系統主檔。一般使用之電腦設備為個人電腦、PC網路多人使用系統、迷你級以上主機系統。對小型賣場而言並不需要購置昂貴的控制電腦，利用PC也可以做相同的工作，且一機多功能，又具經濟效益。

二、軟體（參閱圖4-9POS系統的軟體架構圖）

軟體的需求包羅萬象，各行各業也有所不同，除了市面上的一些套裝軟體外，也有許多企業與電腦廠商合作開發，或是培養人才自行開發。

以下為常見之驅動POS硬體設備的軟體：

前台資訊系統：
・收銀管理
・安全管制管理

後台資訊系統：
・銷售分析—交易型態分析、暢滯銷分析、價格帶分析、時段分析
・庫存管理—進銷存退分析、庫存分析、貨架盤點與調整
・採購管理—缺貨分析、採購建議
・會員管理—商品別會員分析、會員消費分析、久未消費會員分析
・稅捐處理—營業申報、發票申報、媒體申報
・系統設定

銷售作業—發票號碼	□□⊠

1	收　銀　員		銷售	F2折扣	F3折護	F4退費	F6改價	F7重複
	會　　　員	欠費0		F8刪除	F9數量	F10查詢	F11元	F12付款
	會員特性 MP會員		備註欄					

交易完成

編號	管理貨號	品名	單價	數量	折扣（%）	金額	庫存	廠商

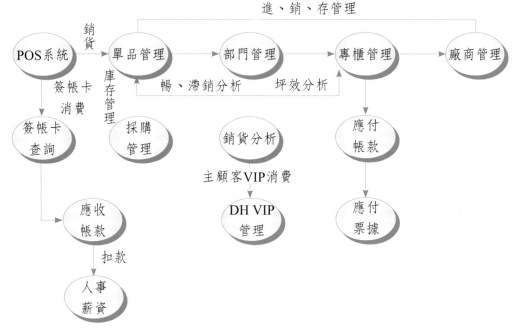

圖4-9　POS系統的軟體架構圖

電腦化要成功，優良的軟體設備不可或缺，因此在導入POS系統時要考慮幾個要點：

1. 系統的穩定度、擴充性，必須具備大量記憶體PLU（Price Look up）功能。
2. 具備即時、線上的處理能力，蒐集記錄銷售資料。
3. 軟體廠商的支持，配合提供整合進銷存、訂貨、財務等流通業電腦化的應用系統。

硬體設計要符合國人交易的習性，連線能力及操作親和性也很重要。

此外，配合自身產業需要，多方評估考量軟硬體的設備、價格及可用性，並尋求可信賴的電腦廠商合作，決定使用的處理方式（集中式或分散式）及連線方式（即時傳輸或批次傳輸），並考慮現行狀況的未來性，以建置真正符合企業需求的系統。

第三節　POS系統之功能

一、即刻掌握銷售動向

　　POS系統應用範圍，以「與目標作比較」及「主要商品銷售狀況追蹤」兩項為中心。對店舖別、單品別，預先於電腦內設定目標，可隨時追查銷售之達成率。選擇主要的數種單品，預先設定各單品的標準庫存量，則可自動對照銷售狀況而提醒補貨的數量和時機。以前使用的電子式收銀機只能做到部門別的分析，而POS的資訊卻可以更精確的計畫及檢討每一項單品之銷售及庫存狀況。

圖4-10　POS可協助便利商店做好商品管理

二、掌握暢銷品及滯銷品

　　食品、日用雜項的單品項目繁多，如何從中選擇、引入暢銷品（Fast Moving Item）乃零售業營運成敗的關鍵。想買的東西未被陳列或常缺貨，顧客就會流失；滯銷品（Slow Moving Item）則會積壓資金，且商品價值亦會遞減，並浪費營業空間及銷售機會。

　　以往為了有效管理商品結構，一般常用「ABCZ分析法」（註一），而POS

▼（註一）ABCZ分析法：零售業通常將商品依暢銷與否，分為A、B、C、Z四類，A類商品為占總銷售總額70%的商品項，B類商品為占總銷售總額20%的商品項，C類商品為占總銷售總額10%的商品項，Z類商品則為一定期間內，銷售額為零的商品項目。A類商品為「暢銷品」，必須避免缺

系統則可進一步發揮「單品別」情報的特性，不但使數據精確，必要時尚可採用E.D.L.P.（Everyday Low Price）（註二）之策略。例如，某些商品平常靜悄悄地，促銷時就會活絡起來，利用POS的單品管理可隨時進行促銷前、後的銷售比較，作為吸引顧客策略的參考。

三、掌握訂貨量

㈠何謂連續與離散型需求之商品？

連續型需求之商品，指每天銷售量相當穩定、變化不大之商品，如報紙、飲料、煙酒等。離散型需求之商品，則是指受到促銷等因素影響，銷售量會變動很大之商品。

㈡POS系統自動訂貨

一般商店的庫存管理方法，是訂貨者每天查看貨架數量，然後向總公司或供應商訂貨，此種作業方式甚為費時。

導入POS系統後，可將商品區分為三大類別：

　1. 連續型需求商品。

　2. 離散型需求商品。

　3. 日配品、生鮮品。

對於連續型需求商品，採取自動定時訂貨方式，由於其變動需求不大，可根據過去的數據預測某一定時間的銷售量，而決定進貨週期，維持適當庫存量。如此，只要對總部或供應商發出定時定量指示即可，但是每隔一段時間仍要重新檢討。

對於離散型需求商品，必須防止庫存過剩，制訂確實有效的促銷方案，並進行銷售預測，以評量促銷前後之銷售狀況。

對於日配品（註三）、生鮮品，應控制進貨數量，並定期清點；如屆保存期

貨；Z類商品為「滯銷品」，須檢討是否要停止進貨；零售業即根據暢銷品／滯銷品來作為訂貨的標準。另外，高毛利的商品是賺錢商品，雖然銷售金額不高，但仍須列入訂貨行列，故有時又稱「必備商品」。

▼（註二）E.D.L.P.：為Everyday Low Price之縮寫，是一種零售業塑造廉價商店的策略，每天都由零售店提供數種特別便宜之商品，讓顧客感覺「天天都可以買到便宜的東西」。

▼（註三）日配品：如牛奶、雞蛋、火鍋料等每日須補充的商品，甚至有的一日數回（如便當、熱食）。

限，可以降價的方式促銷，對於過期商品絕不可留在貨架上，以免影響商譽。

四、貨架管理合理化、效率化

從POS系統情報，可以分析個別貨架的日別、週別、月別、銷售金額，配合黃金位置的應用及特價促銷，可提高貨架的銷售實績。通常在「黃金位置」（註四），銷售量應會較高，經由POS系統所提供之情報來分析，我們可以迅速比較是否如想像中的理想，以採取因應對策。

五、展開機動特賣

特賣是促銷的方式之一，但特賣的價格應設定多少？如果我們對歷史資料加以分析，將可看出導致銷售量大幅變化的若干關鍵因素，而特賣期間的長短，也可從POS系統蒐集到的資料中，分析出同一特價的每日銷售量以及銷售量減少的折衝點，決定特價的截止日。透過POS系統，可迅速分析出消費量與特賣期間、特賣價格之關係。

對於資訊分析者而言，永遠的課題是「預測」。POS系統的情報比以前的資訊更為詳細，且具時效，預測的準確度大大提升。將過去的銷售條件、狀況（有無宣傳廣告、價格、天候、日期、陳列位置等）資料輸入電腦，再對照銷售結果，可以發展數量化的模式；後續只要賦予新的銷售條件，電腦即可模擬、預測銷售量。

了解POS的功能之後，更進一步要考量的是如何產生有用的報表。POS系統可產生不同的情報，例如可作分類統計、暢銷／滯銷品分析、促銷狀況分析等不同需求，其中有些可直接透過螢幕查詢以減少用紙，亦可用統計圖形的表示來增加效果。透過報表分析和判斷，各種管理活動一目了然。

六、顧客管理

對零售業而言，顧客是一切獲利之源。競爭白熱化之下，各行各業莫不汲汲營營於提供顧客一個物美、價廉、高服務品質的購物環境，以穩住客源。當此之時，如何主動出擊，開發潛在客戶，方為出奇致勝之關鍵。

零售業運用POS系統，進行顧客資料之蒐集、管理，配合「銷售分析」資

▼（註四）黃金位置（Golden Line）：消費者習慣選購位於目視高度或自地面算起高度在120公分到160公分左右所陳列的商品，此位即稱為「黃金位置」。黃金位置通常陳列暢銷品，以加速其銷售。

料，適時發送宣傳海報，亦可針對目標客戶群進行特定商品之宣傳，從宣傳海報發送量與促銷業績目標達成率可比較、檢討促銷計畫，作為下次之參考。

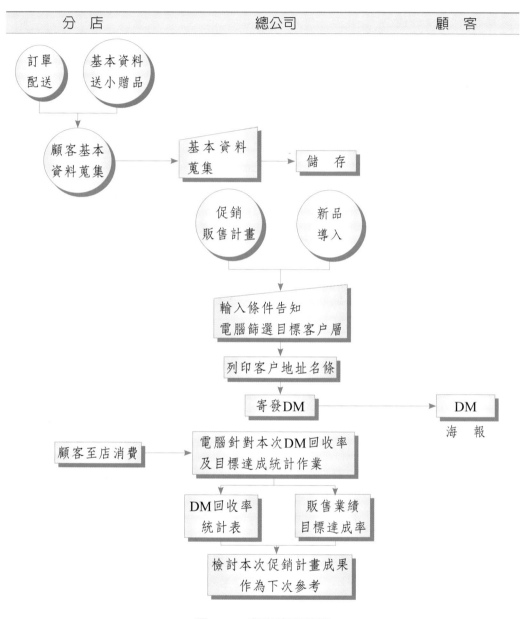

圖4-11　顧客管理藍圖

第四節　POS系統導入之程序

POS系統和任何一套管理制度一樣，當導入公司時，必須事先有周全的導入準備，可行的作業規範及持續性的追蹤控制等。以下我們以系統發展生命週期法（System Development Life Cycle; SDLC）來說明整個POS系統導入的程序（見圖4-12）。

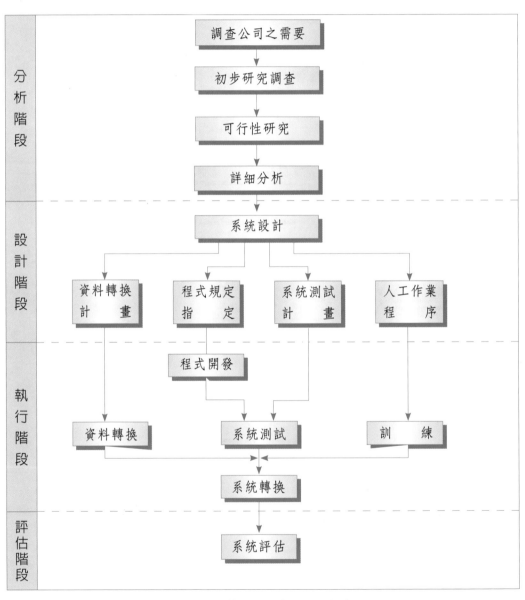

圖4-12　導入POS之SDLC程序

一個典型的系統發展生命週期法，可以分為四個階段進行：

1. 分析階段
2. 設計階段
3. 執行階段
4. 評估階段

一、分析階段

POS導入之第一步驟為成立專案小組，由有關部門主管，如業務、財務、資訊、採購等部門組成，開始進行POS系統導入之分析工作。工作項目如下：

㈠調查公司需要

專案小組人員與公司高級主管人員面談、訪問、調查，以確定公司真正的需求。

㈡初步研究調查

進一步至各單位與現場人員面談、訪問、調查，以了解現行系統的作業方式，研究現行的系統功能與現行作業可能發生問題的地方。

㈢可行性研究

依照公司的需求與特性，提出最合理、最合適的改進系統，並評估可行方案的成本與效益。

㈣詳細分析

分析公司現行系統的輸入資料及輸出表單，確定新系統的輸出表單及資訊處理之流程。

二、設計階段

經過分析階段，確定新的應用系統可行後，專案小組繼續進行設計階段的工作。

㈠工作內容

1. 系統設計

確定新應用系統使用硬體之最佳方式，再設計公司最佳報表格式。

2. 程式規格指定

規定應用系統每一程式之規格及功能。

3. 資料轉換計畫

蒐集輸入資料，編成機器可處理的代號及建檔工作計畫。

4. 人工作業及程序

設立有關人員的作業參考手冊與訓練計畫。

5. 系統測試計畫

列出將來測試系統中的每一個程式的工作計畫及準備資料。

㈡系統目標

1. 符合使用者需要。
2. 資料錯誤的產生能自動偵測。
3. 系統的維護費用與人工成本減至最低。
4. 系統的修正簡單易行。
5. 系統的開發及時完成。
6. 改進原有生產力。

㈢技術方法

1. 輸出與輸入報表格式設定法

在系統設計工作中，設計公司新報表格式是一項很重要的工作。通常由專案人員和公司各階層管理人員共同決定輸出規格，再根據輸出要求決定輸入規格。

⑴輸出規格設定的工作項目：

‧檢核現行系統關於歷史資料的準確性。

‧考慮現行需要。

‧新系統的報表能提供那些資訊。

‧決定輸出報表所需之項目，與各項目之間的關係。

‧決定報表處理週期與複印張數。

‧決定報表的格式。

‧決定報表的媒體。

‧在報表定案前是否已經得到使用單位之認可。

⑵輸出規格設定：輸入規格的設定，是由輸出報表的要求而設，因此在檢
核所設計的報表時，須符合下列要求：

‧那些記錄是需要的。

‧那些文件可合併。

‧每一報表的複製是否絕對需要。

‧報表所需的項目是否完全。

‧報表格式是否符合公司標準。

‧報表名稱是否清晰易懂。

‧空格是否合適。

‧各項目之間是否選擇最好的排列。

‧是否經使用單位認可。

‧是否經提供單位認可。

‧文件流程是否合邏輯。

2.編碼工作

編碼工作是將名詞或文字轉換成數字來代替，其目的在使公司整齊劃一，
節省儲存之位數，最重要的是使電腦識別對象與項目簡單執行。編碼所需之條
件為：

‧適合機器的機能與規格。

‧具有合乎管理區分的分類機能，且要易於記憶使用。

‧具有變通性，須考慮可隨時變更需求。

‧具永續性。

代碼作業在POS系統導入中占有相當重要的地位，如顧客動向、銷售動
向、存貨動向等都仰賴代碼之設計。在POS系統中，有關的代碼有以下幾種：

1. 商品代碼

即商品條碼，目前食品、日用雜貨類原印條碼之普及率已達90%以上，而公司在店內碼的編訂上應符合大、中、小分類之屬性。

2. 顧客代碼

利用發行貴賓卡、店內卡、預付卡或信用卡等都必須建立其代碼，以供建檔及查詢時之識別。

3. 單位代碼

公司內部各部門或利潤中心等都予以編號，以利內部管理與資料分析之作業。

4. 營業員與員工代碼

銷售人員之績效與工作排程之處理，皆須賴唯一不重複之代碼。

5. 收銀機（端末機）代碼

每部POS終端機都要編號，以便傳輸資料、檢核、追蹤及處理異常狀況。

6. 其他代碼

如櫃號、廠商編號、交易類別代號等。

至於作業參考手冊之製訂也是設計階段極為重要工作。作業參考手冊乃針對系統之使用人員、支援人員與操作人員等編製，可分為以下幾類：

1. 操作使用手冊

實際操作POS系統之設備的使用方法，包含POS終端機、印表機。

2. 業務規範手冊

包含業務處理流程、表單管理辦法。

3. 系統使用手冊

包含POS系統之軟硬體架構及各種系統使用說明。

三、執行階段

執行階段內容可分為：

㈠程式開發

根據程式規格指定，由程式設計師開發程式。

㈡資料轉換

根據資料轉換計畫，將公司所用到的輸入資料分別加以建檔。

㈢系統測試

根據測試計畫，將所有開發之程式加以測試。

㈣教育訓練

根據人工作業程序，訓練公司有關人員，使他們能有效的執行新系統。

㈤系統轉換

一般而言，將舊系統轉換成新系統有兩種方式，一為直接轉換，另一為平行轉換。直接轉換之缺點為風險較高，平行轉換之缺點為增加工作人員的負擔。

四、評估階段

系統評估階段就是要確定系統是否滿足需求，因此當新系統開始真正操作時，專案人員就必須對主管人員、操作人員等面談，了解他們對整個系統之滿意度，對新系統之成本與效益加以評估，並提出建議，做為下次對類似系統之參考。

以上系統發展生命週期法，可以協助公司建立POS系統之工作依據，當然這項工作一般是配合資訊公司一起完成的。至於一般公司在決定導入POS系統時，可以按照準備階段、規劃階段、前置階段以及導入階段等四個階段，分別列出其工作項目與說明，如表4-1至表4-4。

表4-1　POS系統導入準備階段

工作項目	說明
1.作業流程標準化	自動化之前必須將業務合理化
2.商品代碼標準化	重新檢討代碼之編定（店內碼）
3.表單管理辦法	避免表單過多或遺漏重要訊息
4.教育員工POS知識	避免因不了解而產生阻力

表4-2　POS系統導入規劃階段

工作項目	說明
1.外在環境評估	商品訂貨週期及供貨體制
	原印條碼普及程度
	產品生命週期
	POS軟件硬體功能及價格
2.內在環境評估	經營規模與企業制度
	管理要求與資訊流量
	現有組織及人力資源
3.成立專案小組	由有關部門管理人員組成
4.POS前後台軟體規劃	作業表單流程制度與業務規範之確定
	POS前後台軟體規劃
	POS前後台軟體規劃
5.訓練	收銀員之訓練
	輸入資料訓練
	軟體操作訓練
	貼標作業等其他必要之訓練

表4-3　POS系統導入之前置作業

工作項目	說明
1.與廠商協調	有關訂貨、送貨、驗貨、退貨等配合措施之溝通
	條碼規定事項
2.準備建檔資料	商品分類標準確定及代碼
	商品安全庫存最低採購量
	各商品資料填寫規定及空白報表準備
	資料蒐集作業規定、建檔、日常作業、系統維護、報表列印等之訂定。
3.手冊編定	店內條碼印製作業標準之訂定
	貨架標籤作業手冊之編寫
	POS系統作業手冊之編寫
4.系統測試	軟硬體之測試與人員訓練成效測試

5.基本資料檔建立　　　包含廠商、商品、顧客、員工等資料建檔
6.標籤貼標作業　　　　包含商品及貨架標籤
7.商品盤存　　　　　　商品主檔確定無誤

表4-4　POS導入階段

工作項目	說明
1.選定測試之部門（或實驗店）	系統轉換工作
2.檢討並改進缺失	更改系統
	加強訓練
	資料更新
3.擬訂導入計畫	訂出時程表與主計畫
	訂出績效標準
4.實施POS	正式上線
5.系統評估	分別調查系統之效益與效率

第五節　POS系統之效益

一般而言，應用POS可得到的效益，我們可以從零售業、消費者兩方面來看，亦可從實際作業面來觀之。

一、零售業者方面

1. 加速結帳效率，提高營業額。收銀者作業輕鬆，使顧客獲得較佳的服務。
2. 避免錯誤及防止員工舞弊。
3. 方便庫存管理，確實做好單品管理。
4. 迅速取得商情，適時做好調整反應。

二、消費者方面

1. 結帳效率提高，減少排隊等候。
2. 電腦登帳，正確度高。
3. 明示購物金額與內容，便於核對。
4. 採單品管理，顧客較不易遇到暢銷品缺貨。

三、從營運面分析其效益

操作現場	1.收銀業務省力化	・結帳時間縮短 ・尖鋒時間處理容易 ・減少登錄的錯誤 ・減少核對的時間 ・縮短結算時間 ・減少賣場的傳票 ・現金管理的合理化
	2.資料蒐集能力提高	・情報發生點的蒐集 ・提高情報的可信度 ・資料蒐集的效率化
門市營運管理	1.商店營運合理化	・強化帳目公開管理 ・標價及變價作業之效率化及合理化 ・隨時掌握現金的持有數量 ・減少收入傳票之製作
	2.商品管理及銷售管理合理化	・庫存的掌握 ・掌握銷售目標的達成率 ・掌握折扣促銷時機 ・貨架管理合理化 ・掌握暢銷品及滯銷品 ・陳列、擺設的合理化 ・特賣商品的單品管理
企業經營管理	1.資金回轉率的提高	・防止商品缺貨的事前作業 ・庫存標準的合理化 ・商品回轉率的提高
	2.商品計畫的合理化	・促銷效果分析 ・顧客購買動向的掌握 ・商品別利益管理 ・據銷售實績擬訂採購計畫 ・有效的空間管理 ・適時的廣告及促銷

第六節 POS系統應用實例

一、餐飲業結合POS系統的自動點菜作業

㈠硬體配備

1. 點菜機
2. 傳輸設備
3. 印表機
4. 收銀機

㈡軟體配備

1. 點菜機系統軟體
2. 結帳系統軟體

㈢作業流程

㈣POS系統架構圖

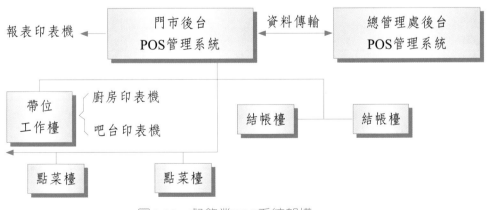

圖4-13　餐飲業POS系統架構

㈤效益

1. 降低廚房出菜錯誤率。

2. 降低外場錯誤點菜率。

3. 節省顧客等待時間與結帳時間。

4. 避免人為作業弊端。

二、百貨公司POS系統

表4-5至表4-7及圖4-14為百貨公司POS系統架構及相關銷售報表與分析報表，分析報表所得結果通常可作為銷售策略擬訂之關鍵因素。

表4-5　當日收銀機財務報表

收銀機	收銀員號碼	日銷總績	抽層現金	信用卡	禮券	購買證	應收帳	抵用券	收大鈔	更正	退貨	作廢	折扣金額
3-1	32447	223023	33485	136912	3426	120	0	0	0	0	-157	0	0
1-1	32224	15379	58878	150491	110	1900	0	0	55000	0	0	-3120	0
1-2	32296	92353	61351	22779	1750	6473	0	0	50000	-500	0	0	0
1-3	32253	141323	106057	32506	0	2750	0	0	8500	-6630	0	-4671	0
2-2	32287	36224	23844	10610	300	1470	0	0	15000	-7110	0	0	0
2-3	32281	81172	49866	30316	700	290	0	0	35000	-13334	0	0	0
3-1	32200	141230	89585	50311	500	334	0	0	60000	-679	0	0	0
3-3	32223	158149	110992	349920	8500	3665	0	0	55000	-2060	0	0	0
4-1	32347	29142	15487	12205	950	500	0	0	0	0	0	0	0
4-3	32323	157413	75272	79573	700	1381	0	0	0	-10306	0	-12256	0
合計：		1276326	624797	610700	20963	19393	0	0	355000	-45619	-157	-20512	0

表4-6　暢銷分析

最暢銷銷售金額分析表

店號碼1			店名 南京店		期間		製作日期			
大分類號碼020			大分類名		營業日期					
小分類號碼0023			小分類名							

單品號碼	商品名	個數	順位	構成比……2……4……6……8……10	金額	順位	構成比	平均單位
20000051	玉米片	500	1	13.4…………130………………………	40,080	2	7.2	80
20000045	乖乖	383	2	10.2…………23………………	36,120	4	6.5	94
20000075	蝦味鮮	323	3	8.6……………32……………	38,410	3	6.9	119
20000046	波卡	306	4	8.2……………40…	54,000	1	9.7	176
20000020	浪味仙	215	5	5.8……………46	18,920	12	3.6	88
20000053	魷魷子	153	6	4.9…………　　50	15,300	15	2.8	100
20000048	洋芋片	151	7	4.0………　　　54	15,100	16	2.7	100
20000031	歐斯麥	150	8	4.0………　　　58	12,750	18	2.3	8.5
20000047	台富	119	9	3.2…………　　　61	12,000	19	2.2	101

20000050	蘇打夾心	112	10	3.0…………	66	11,100	20	2.0	99
20000028	草莓餅乾	110	11	2.9…………	67	19,250	11	3.5	175
20000044	巧克力餅乾	101	12	2.7…………	70	25,250	9	4.5	250
20000049	檸檬餅乾	102	13	2.7…………	72	7,120	23	1.3	71
20000056	絕配餅乾	91	14	2.4…………	75	18,200	14	3.3	200
20000076	薄片餅乾	86	15	2.3…………	77	29,540	7	5.3	344
20000079	花生餅乾	85	16	2.3…………	79	26,110	8	4.7	307
20000054	新貴派	82	17	2.2…………	80累積構成	8,000	20	1.5	100
20000022									
20000080									
20000043									
20000078									
20000033									
20000077									

表4-7　九大類時段銷售分析報表

程式檔名：HOUR
製表檔名：S306011
類別：1

製表日期：83/06

資料日期：83/06/02　　製表時間：23：30

頁次：0

時段	來客數		金額		客單價		比例	
	（日）	（月）	（日）	（月）	（日）	（月）	（日）	（月）
9-10	0		0		0		0	
10-11	0		0		0		0	
11-12	0		2070		1035		0	
12-13	1		2100		2100		1	
13-14	4		11134		2783		9	
14-15	3		10732		3577		9	
15-16	0		3210		1605		2	
16-17	7		40400		5784		35	
17-18	0		25958		12979		22	
18-19	3		16810		5603		14	
19-20	1		600		69		0	
20-21	2		1270		635		1	
21-22	0		0		0		0	
22-23	0		0		0		0	
23-24	0		0		0		0	
合　計	27		11464		4230		8	

類別：2　　　　　　　　　　　　　　　　　　　　　　頁次：

時段	來客數 （日）（月）	金額 （日）（月）	客單價 （日）（月）	比例 （日）（月）
9-10	0	0	0	0
10-11	0	221	221	0
11-12	14	15042	1074	4
12-13	13	15518	1193	4
13-14	13	13795	1061	4
14-15	12	17582	1465	5
15-16	30	21929	730	6
16-17	25	34519	1380	10
17-18	19	23236	1222	6
18-19	20	19091	954	5
19-20	18	19333	1074	5
20-21	21	139328	6634	41
21-22	21	14997	714	4
22-23	0	0	0	0
23-24	0	0	0	0
合 計	207	334591	1616	26

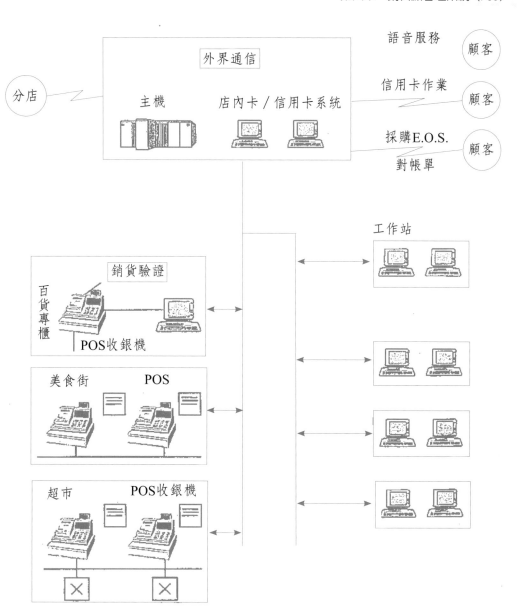

圖4-14　百貨公司POS系統架構

§ 討論問題 §

1. 試簡述POS系統之作業觀念。

2. 試從企業營運角色說明POS系統之功能。

3. 試分別從操作現場及門市營運管理兩個層面說明POS系統應用效益。

第5章

電子資料交換（EDI）
與加值網路（VAN）

第一節　前　言

第二節　EDI之定義與背景

第三節　EDI之作業程序

第四節　EDI訊息的設計

第五節　EDI發展組織及其沿革

第六節　EDI之效益

第七節　加值網路（VAN）

　　7-1　何謂加值網路（VAN）？

　　7-2　VAN的架構層次

第八節　EDI應用成功案例

　　案例一　英業達集團

　　案例二　新竹貨運

§討論問題§

第一節　前　言

電子科技的快速發展，改變了企業間交易過程所涉及的文件及資料往來傳遞方式。傳統的傳遞方式，如書信、電話、傳真等已逐漸在追求效率的競爭環境中退居弱勢，隨著電腦工具的應用，交易流程已有多方面的變化，迅速、精確已成為企業永續生存的必要條件。

目前企業內部資訊處理電腦化已非常普遍，但是，在公司與公司間各種資料的傳遞效率卻無法達到所要求的理想，於是電子資料交換（Electronic Data Interchange，以下簡稱EDI）的觀念開始被廣泛地討論。

英國最大的煤礦公司British Coal，自1981年起由於使用了EDI，使其交貨週期、庫存、紙張及資料輸入等成本，每年節省約125萬美元。相同地，美國Jewish醫學中心的採購部門，自從1980年開始應用EDI方式，透過電腦終端機直接與供應商建立電腦連線，並以EDI資料格式向主要供應商下訂單，至1985年為止，雖然每年訂單數量從22,000件增至35,000件，但醫院物品庫存卻降低了25%，相當於每年節省了125萬美元。由以上例子可發覺，由於EDI之使用，使得人們處理事情的時間大幅縮短且庫存降低。

此一轉變是可以預期的，因為EDI未出現之前，企業內各部門或企業與企業間的應用程式，普遍存在不相容或規格不同的情況，資料的傳輸只能用於特定的對象或由集團內統一系統的規格來使用，如果遇到系統變更時，不是無法互相連接，就是要變動所有的程式系統。然而，隨著電子資料交換技術的應用，上述問題已經獲得解決，因為透過電子資料交換，電腦系統對外傳輸資訊時，使用世界統一的格式，而內部的系統無須改變，只須在傳輸過程中，透過電子資料交換的標準界面處理，因此，企業可以在不更改電腦系統的情況下，有效率的達到傳遞訊息的目的。

第二節　EDI之定義與背景

所謂「電子資料交換」（Electronic Data Interchange）係指企業間將業務相關文件或資料，依據標準格式，利用電腦通訊網路，以電子傳輸的方式，由一方的電腦（應用系統）傳送到另一方的電腦（應用系統）的文件處理方式。

　　茲分別以示意圖5-1、圖5-2及流程圖5-3及圖5-4說明，比較傳統文件處理與EDI文件處理之交易作業流程。

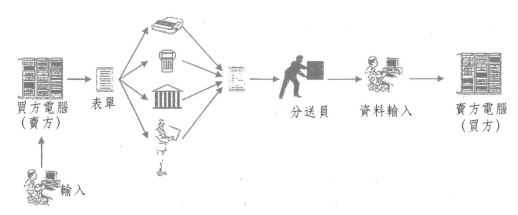

圖5-1　傳統文件處理之交易作業流程

資料來源：經濟部商業司（商業EDI簡介）。

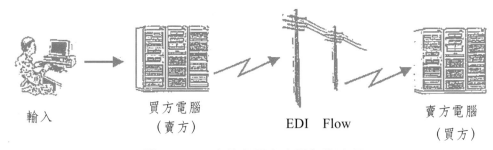

圖5-2　EDI文件處理之交易作業流程

資料來源：同圖5-1。

作業流程說明：

1. 買方打出採購文件（Keying 1），寄給賣方（郵遞1）。
2. 賣方把收到的購買資料輸入訂貨系統（Keying 2）。
3. 賣方準備訂貨單據，把資料輸入發票系統（Keying 3）。
4. 賣方開出發票（Keying 4），寄給買方（郵遞2）。
5. 買方收到發票，把資料輸入應付帳款系統（Keying 5）。
6. 買方重新將原始採購資料輸入應付帳款系統（Keying 6），並與發票資料核對。
7. 買方將核對過的發票資料輸入付款系統（Keying 7），準備付款支票，寄給賣方（郵遞3）。
8. 賣方收到支票，輸入資料到應收帳款系統（Keying 8），並結清買方的

帳。

缺點：

1. 資料重複輸入。

2. 資料錯誤率高。

3. 紙張及人力浪費。

4. 文件送達費時。

Keying：係經由Typing或Keying (Computer)輸入資料，產生交易文件。

圖5-3　傳統文件處理的交易作業方式

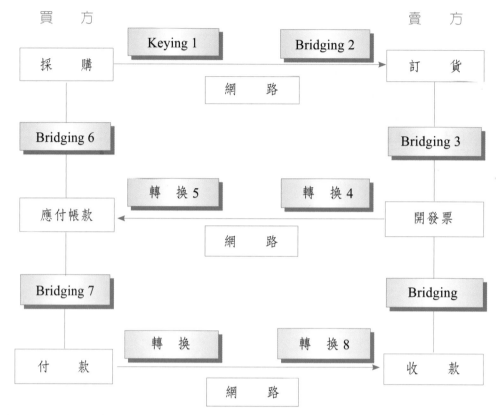

轉換：把內部格式轉換成交易雙方預先協定的格式標準。

Bridging：資料透過內部資訊系統做轉換。

圖5-4　EDI文件處理的交易作業方式

作業流程說明：

1. 買方輸入採購資料，經由EDI網路送給賣方（轉換1→網路）。

2. 賣方電腦系統把收到的訂單輸入內部訂貨系統（轉換2）。

3. 賣方內部訂貨系統轉移資料到發票系統（Bridging 3）。

4. 賣方轉換發票資料，經EDI網路送給買方（轉換4→網路）。

5. 買方系統把收到的發票資料轉入應付帳款系統（轉換5）。

6. 買方經內部電腦系統，把原始採購資料與發票資料做核對（Bridging 6）。

7. 買方經內部轉移到付款系統（Bridging 7），把款項電匯至賣方銀行，其他匯款資料經電子資料交換網路送給賣方（轉換→網路）。

8. 賣方收到匯款資料，轉入應收帳款系統，結清買方的帳（轉換8）。

優點：

1. 資料單一輸入。
2. 資料錯誤率低。
3. 節省管銷費用。
4. 文件傳送快速。

第三節　EDI之作業程序

傳統的企業交易呈現如圖5-5之通訊方式。

造成這種現象的原因，可歸納如下：

1. 電腦機器之規格，因廠牌而異。
2. 各企業網路採用不同通信程序。
3. 各企業傳票、帳目等之資料格式互異。
4. 各企業編碼方式不同（商品代號、交易代號）。
5. 各企業網路與系統運用基礎及管理基準彼此不同。

為解除上述無效率、不合理的現象，一方面可開發不同電腦通信協定（Protocol），並予標準化，朝OSI（Open System Interconnection）方向進行；另一方面，可致力於不同企業各種傳票格式、代碼及商業協定之標準化。後者便是所謂的EDI。

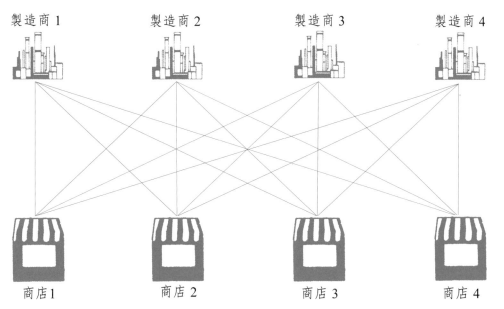

圖5-5　傳統的企業通訊網

圖5-6表示EDI環境下的企業通訊狀態。

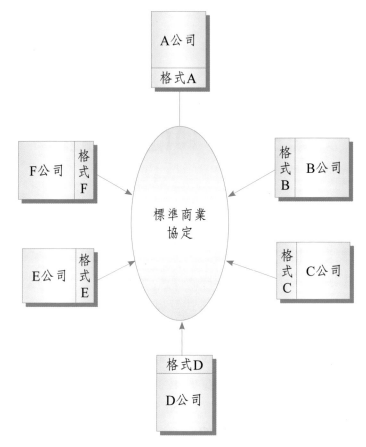

圖5-6　EDI環境下之企業通訊網

這個環境乃是藉由電腦及電子通信迴路之協助，以網路中心為主的方式，將買方、賣方及其關係企業間交易資訊予以交換，如圖5-7所示。EDI環境下企業間之資料交換，其基本程序如下：

1. 買方經由內部資訊系統產生訂單訊息。
2. 經由EDI轉換軟體，轉換成EDI標準訊息。
3. 標準訊息經由通訊線路傳至網路中心。
4. 網路中心將此訊息進行安全管理後置於郵箱中。
5. 賣方可隨時透過線路從EDI網路中心郵箱中提取訂單訊息。
6. 訂單訊息傳回後，再透過轉換軟體轉成賣方內部資訊系統之格式。

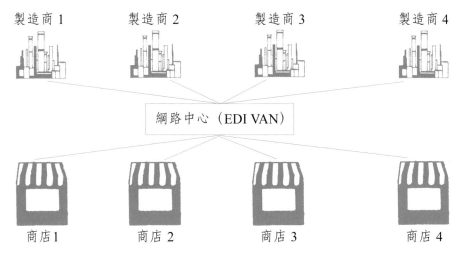

圖5-7　以網路中心為主之傳輸方式

以上之程序可以圖5-8說明之。

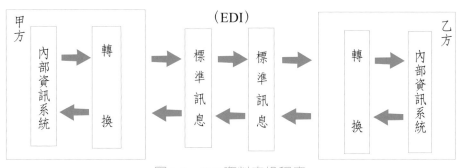

圖5-8　EDI資料交換程序

　　相同情況，賣方發票等資料亦透過上述之程序傳輸。在這種作業方式下，省卻了人工輸入、人工傳真、人工編寫等手續，並且突破了不同企業、不同應用系統間之溝通障礙。

第四節　EDI訊息（Message）的設計

　　企業內或企業間訊息傳遞決定導入EDI系統後，後續步驟即須進一步溝通、討論，協議訂定相關的EDI格式標準。

　　依據協議訂定的EDI標準，再進一步設計企業EDI訊息。其步驟如下：

　1. 了解作業流程。

　2. 蒐集各項作業表單文件。

　3. 分析可進行EDI之部分。

4. 確定自動化文件與訊息清單。

5. 製作文件資料項目說明表。

6. 依據業務特性選擇訊息（Message）類型。

7. 選擇所需之資料段（Data Segment）。

8. 選擇所需之資料元（Data Element）。

9. 選擇適用代碼值。

10. 製作EDI相關索引。

圖5-9為國內現行發展出的商業EDI訊息模式。

圖5-9 EDI訊息標準應用模式

第五節　EDI發展組織及其沿革

　　美國在1960至1970年代即由運輸業、倉庫業、食品業、保險業等制訂了EDI標準。而在1970年代確立了「ANSI X.12」為美國國家之EDI標準，目前廣泛使用於運輸、汽車、電氣、化學、食品、紡織等業界。

　　歐洲則在1940年設立ECC（歐洲經濟委員會）推動標準化，而有TDI之標準（即貿易資料交換），廣泛在貿易界與零售業界使用。

　　在1985年「ANSI X.12」（美國的EDI標準）與「TDI」（歐洲的EDI標準）共同合作，著手建立國際標準，該聯合小組稱為UN-JEDI（UN-Joint EDI），在1987年完成，並向ISO（國際標準組織）正式提出EDIFACT（EDI for Administration, Commerce and Transport），而由ISO委員會之TC/154制訂細部規格（其發展概念如圖5-10所示）。

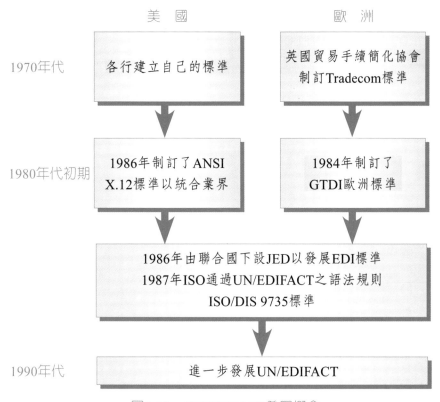

図5-10　UN/EDIFACT發展概念

我國是在1991年由中華民國商品條碼策進會，邀集產、官、學、研等專家共325人組織成中華民國商業標準委員會，將EDIFACT之子集合EANCOM引進，做為落實國內EDI之標準。EDIFACT的組織架構如圖5-11所示。

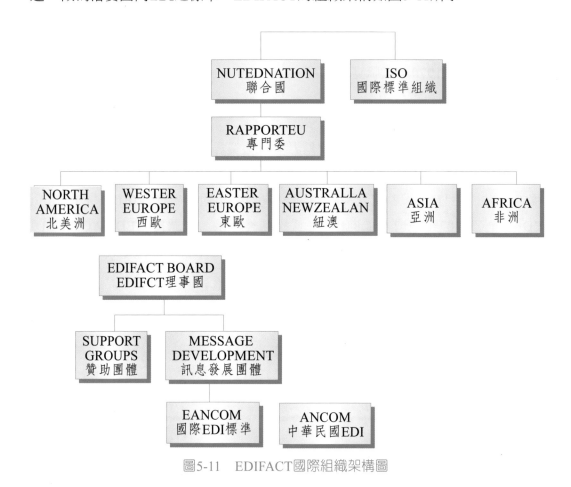

圖5-11　EDIFACT國際組織架構圖

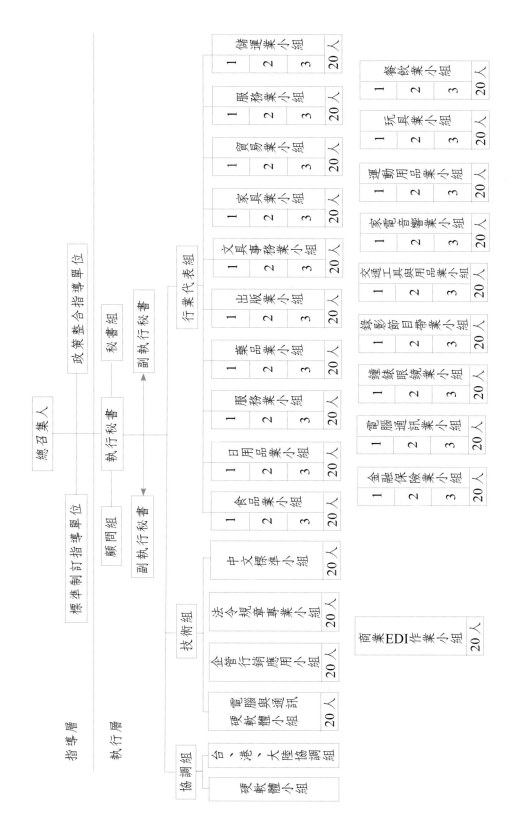

圖5-12　中華民國商業EDI標準委員會組織圖

第六節　EDI之效益

茲以長短期及作業面分述EDI之效益，並列舉實例於後。

一、短期利益

㈠降低商業風險

EDI發出後，系統在確認對方收到訊息後，立即回報予發出者訊息已確切送達；並可將單據放在自己企業的電子郵件信箱裡，持有密碼者（大都為企業之負責人）可察看檢查確認內容。如此，不但具有保密功能，也可降低風險與整合企業組織。

㈡減少交易時間

由於訂購至付款／收款交易循環時間（Business Cycle Time）的節省，可降低安全庫存量，減少利息成本、增加現金流量及減少商品成本。

㈢減少人力輸入，提高附加價值

減少人力重複輸入，並可降低錯誤率，節省下的人力資源可移轉至更高附加價值的工作。

㈣密切掌握顧客需求

運用EDI傳遞資訊快且正確，顧客端的消費需求更易掌握，有利於提供更佳的顧客服務。

㈤減少紙張費用

藉由EDI系統於自身的電腦下單，對方亦可於其自身的電腦接單，如此一來，節省了相關作業紙張及郵資的費用。

二、長期利益

㈠維持企業生存

當貿易夥伴皆已採用EDI之後，相對地，也必須要求其交易對象也採用EDI；若不採用，極易被淘汰出局。我國貿易依存度極高，為了維持國際貿易的商機，導入EDI是時勢所趨。

㈡節省公司成本

減少操作成本、增加效率，使企業主體獲致更強的競爭力與獲利力。一般來說，使用EDI所減少的成本主要有下列幾種：
  ・文件處理成本。
  ・人力成本。
  ・庫存成本。

㈢提高個人的附加價值

利用EDI快速取得資訊，進而整合組織內部的各子系統，以便掌握及預測時間流程，達到JIT生產（Just-In-Time）之境界。如此，附加價值低人力必然減少，進而提高個人的生產力。

㈣增加顧客服務

經由正確迅速的資訊流，連結銷售點資料，可以即時掌握市場動態，增進對顧客的服務，並藉由提升顧客的滿意度，增進銷售量。

㈤強化通路

在全球化的貿易體制之下，藉由EDI所產生的快速資訊流，可減少對中間商的依賴，減少中間商的數量，與貿易夥伴建立更直接的關係，增進彼此的信任感，強化通路結構。

三、就作業層面而言

從基層到高層管理，每層級皆因導入EDI而改變了作業效率，參見表5-1。

117

表5-1　EDI效益

層級	減少	增加	結果
1.作業層級 （基層管理）	1.書面作業 2.人工輸入資料 3.存貨成本 4.資料重複輸入及錯誤	1.資訊流程更快速而正確 2.節省成本 3.縮短交易程序與時間	
2.管理層級 （中層管理）	1.行政管理的費用 2.內部作業重新檢討 3.與其他制度的結合 4.提升生產力與服務品質 ・資訊流錯誤 ・金錢及商機消失 ・現金運用不良	1.企業程序的再工程（reengineering） 2.改善管理決策 ・獲取更精確資訊 ・改善現金流量 ・強化預測能力	1.達成即時管理制度 2.提升獲利力
3.策略層級 （高層管理）	1.資訊傳遞的延遲 2.供應商／客戶間的抱怨 3.不良供應商	1.與商業夥伴達到緊密的供需關係 2.提升供應商／客戶的服務水準 3.快速反應市場需要 4.與原有客戶做更多生意 5.創造新客戶	更具國際競爭力

四、EDI效益實例

以下為幾個企業初期導入EDI系統獲致的具體效益。

㈠台北農產運銷公司

所屬超級市場以條碼輸入訂貨資料，每一超市每天節省6至12人時，每月節省2至4萬元，總公司不必重複輸入訂貨、進貨資料；每天節省41人時（相當於5位員工），每月節省10萬元至15萬元，月會計帳提早10天完成，增加資料正確性，表單印製費每月節省70萬元，總計每年可節省約800萬元。

㈡僑聚貿易

業務人員從4個減少為0.5個，每年節省約210萬元。

㈢康國行銷

接單時間從3天縮短為1天。

㈣新竹貨運

使用EDI託運單，資料完整性、正確性提高，貨物不會送錯地址。在未使用EDI託運單之前，每張託運單約200～300項，需要詳細核對，使用EDI後，可節省核對的人力成本。

㈤隸友物流

每年節省直接人力至少264萬，包括人工取單成本，每年約120萬元；人工輸入訂單成本，每年節省約24萬元；訂單核價使用電腦，每年約節省120萬元。

第七節　加值網路（VAN）

結合電腦與通訊網路技術的應用，以及相關之通信制度、技術、法令的訂定及修改，使得通信服務行業順應潮流而生。早期透過網路，僅是提供業務上的基本需求，然而隨著大環境的急遽變化，對資訊的需求亦急速成長，基本的網路功能已無法滿足，因此在基本需求外，必須再增加部分功能，也就是加值網路（Value Added Network，以下簡稱VAN）觀念的產生。

7-1 何謂加值網路（VAN）？

一、基本網路（Basic Network）

基本網路係指電信局或電訊公司所提供給音頻級電路交換（Voice Grade Circuit Interchange）的公眾電話交換網路（Public Switching Telephone Network, PSTN），其直接在音頻級電路兩端加裝數據機（Modulation Demodulation, MODEM），使電腦或終端機的數位資料可經由電話線路傳輸。基本網路目前在先進國家均已開放民營。

二、加值網路（Value Added Network, VAN）

所謂「加值網路」係指利用基本網路，例如電話、數據線路等，由資訊服務公司發展額外的附加價值功能，例如儲存、轉送、記憶、資料處理等，提供給網路用戶使用，此種網路稱為加值網路。加值網路的基本架構如圖5-13所示。

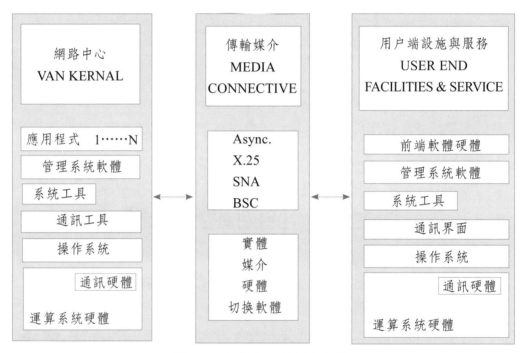

圖5-13 加值網路的基本架構

7-2 VAN的架構層次

基本上，加值網路係結合硬體（電腦、自動化設備）、軟體（通訊軟體、應用系統）、通訊等三個部分於一身，應用在不同產業、各層領域的整合概念。

加值網路構成的架構層次，則可分成「基本網路」與「加值網路」兩種。其中「加值網路」部分，從市場應用層面而言，可根據附加價值的程度，再區分成四個層次，分別是「基本型」（管理型通訊網路）、「通訊型」（管理型數據網路）、「資訊型」（管理型交易服務）。茲將其架構層次列示於下（見圖5-14）。

| 第四層加值網路（4th Layer VAN）—整合型
加強型交易服務（Enhanced Transactional Services） |
| 第三層加值網路（3th Layer VAN）—資訊型
管理型交易網路（Managed Transactional Network） |
| 第二層加值網路（2th Layer VAN）—通訊型
管理型數據網路（Managed Data Network） |
| 第一層加值網路（1th Layer VAN）—基本型
管理型通訊網路（Managed Communication Network） |
| 基本網路（Basic Network）
公眾電話交換網路（Public Switched Telephone Network） |

圖5-14　加值網路的層次

茲將加值網路各層詳細說明如下：

圖5-15　加值網路之四個層次

一、管理型通訊網路

電話網路是為了音頻訊號傳輸，無法滿足數據傳輸所要求的品質速度及效率。因此，為了數據通訊之需，而有了第一層的VAN，稱之為「管理型通訊網路」，以分封交換數據網路（Packet Switched Data Network, PSDN）為代表。PSDN允許用戶端的許多終端機經由多個邏輯通道同時共用一個通訊介面、一部數據機及一路用戶線。其效益為更高的通信可靠度、更具融通性的通訊品質及較好的通信品質。

二、管理型數據網路

第二層加值網路是管理型數據（Managed Data）網路服務，提供資料交換與共享，如電子郵遞、電子佈告欄、資料庫檢索服務等。透過電子郵遞可以發信給特定的收信人，這封信放置在網路主機上收信人的信箱內，收信人可以在任何地方、任何時刻取閱信件，而沒有一般電話或書信受到的時間或空間限制。如果要發信給大多數人，則可以利用電子佈告欄。一般大型網路服務公司提供的資料，可提供天文、地理、日常的新聞、氣象、旅遊、休閒等各式資訊，讓使用者人在家中坐，透過個人電腦與數據機連上電話線，便可以方便的、迅速的檢索各項資料。

三、管理型交易網路服務

第三層加值網路是管理型交易網路服務，亦即電子資料交換（Electronic Data Interchange, EDI），其目的在利用電腦的直接通訊，以電子文件代替紙張文件，避免人員介入而提高效率及減少錯誤，進而降低企業營運成本，提高競爭力。

四、加強型交易服務

第四層加強型交易服務，泛指利用加值網路服務之系統整合，例如電子訂貨系統、銷售點管理系統等等。

從以上之說明，EDI是屬於VAN之一種。我們可將EDI與目前甚為流行之E-mail（電子郵遞）做一比較。這兩者都是透過網路進行資料之傳遞，而它們最大不同乃在於EDI只有統一標準的固定格式，資料可以在不同的電腦間交換，因此不論是企業內或企業外有關文件的傳遞，皆可透過EDI來解決。E-mail因無固定格式，適用範圍較廣，使用者也較容易上手，但對於不同電腦應用系統間之全自動化作業，其處理能力就較差。

茲將EDI與E-mail之比較情況列於表5-2中。

表5-2　EDI與電子郵遞（Electronic mail）之比較

項目	EDI	E-mail
範　　圍	「產業」之間的訊息交換	不一定是企業間（可能是企業內部）
對　　象	應用系統對應用系統間、電腦與電腦間	人與人之間
訊息性質	商業文件	可以是個人的訊息、公告，也可能是商業文件
文件標準	文件格式標準由使用者組織訂定	資料格式標準並不存在
資料格式	標準的固定格式中存放結構化的訊息	在非固定格式中存放不一定是結構性的訊息
資料內容	大都是資料代碼	文字

資料來源：蕭美麗，超市加值型網路先導系統。

許多企業尚未具備使用EDI應用之前，在資料交換時，往往先使用第二層的VAN。茲舉麥當勞在國內之實例。該連鎖企業利用VAN業者提供的電子郵遞系統，將總公司與各分店互相連結。麥當勞在使用VAN之前，各分店（即門市中心）每日的銷售資料必須以磁片儲存起來，再遞送回總公司重新輸入電腦統計。然而隨著門市持續的擴增，總公司每日花在重複處理這些資料的人力及時間成本日益加重，因此，麥當勞決定利用加值網路的管理方式來解決這個問題，利用E-mail解決了資訊流。VAN業者負責提供維護整個網路中心，門市中心的工作人員在每天的固定時間內，利用數據機撥接網路，將當日之銷售資料與人事資料輸入，傳送至網路中心。而總公司人員每日一次收取所有檔案，不必利用人工操作。

當然使用E-mail並不需要和外部相關企業做商業協定，但是，當考慮到庫存、訂貨系統要整合時，則必須使用EDI不可了。

第八節　EDI應用成功案例

案例一　英業達集團

商業EDI應用楷模獎與傑出貢獻獎榮譽得主——英業達Inventec。

一、公司簡介

英業達公司創立於1975年,從初創期7名員工、100萬元資本額做起,到擁有年營業額數百億元以上,員工7,000人的英業達集團。

英業達最早以電子計算機、電話機等產品起家,目前為國內產值最大的筆記型電腦、電腦字典、科學繪圖機及PDA專業製造廠。

二、動機及效益

英業達公司以「明日科技的開拓者」自許,致力於資訊科技事業領域的拓展,為了創造更璀璨的未來,因應未來業務推動與擴展的需求,遂與其近50家的協力廠商,進行全面EDI上線計畫。

EDI的效益主要有以下幾點:

㈠提供正確完整的資訊

1. 提供正確的交流資訊,避免資料重複輸入所發生的錯誤。
2. 依據業界作業需求制訂標準訊息,確保訊息的完整性,解決早期上、下游廠商電腦硬體、軟體及通訊方式不一的困擾。

㈡提升服務品質

1. 快速回應交易處理情況,增加對客戶服務的速度。
2. 提供即時的交易資訊,減少缺貨,提升服務品質。

㈢增進合作關係

1. 採用標準表單、訊息及代碼,增加交易夥伴配合意願。
2. 利用加值型網路傳送商業訊息,可彌補交易雙方作業的時差。

㈣改進業務效率

1. 節省資料反覆輸入的人力,減少人工輸入的成本。
2. 降低郵遞、電話及私屬性通訊連線之成本與費用。
3. 即時掌握狀況,提升營運效能。
4. 使用標準表單、訊息格式及代碼,可減少人員訓練成本及作業成本。
5. 落實企業體系管理制度,提升管理效能。
6. 加速推動企業內部業務自動化的腳步,增進企業營運效率。

三、系統流程圖

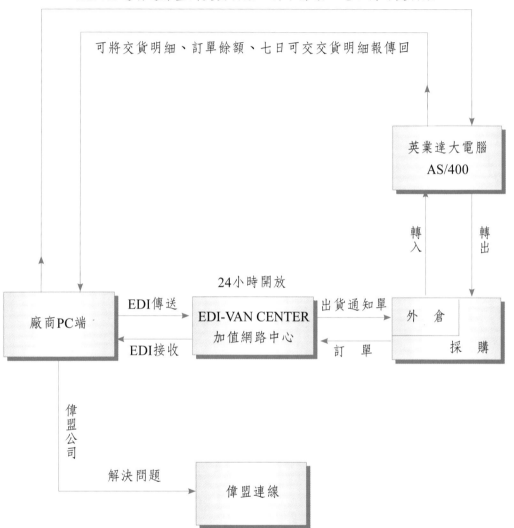

圖5-16　英業達體系現有系統流程圖

案例二 新竹貨運

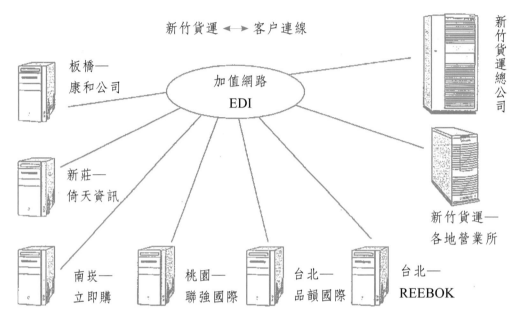

圖5-17　新竹貨運與客戶間的EDI連線作業

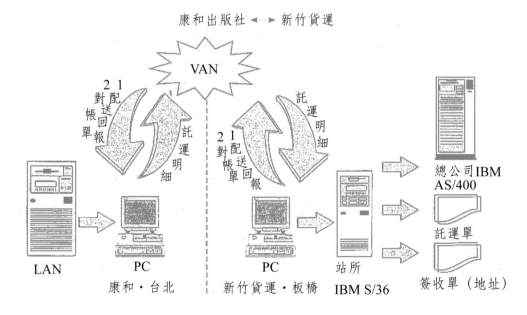

資料正確性，縮短通路時間，配送狀況回報，節省對帳時間。

圖5-18　供貨商康和出版社與新竹貨運間之VAN連線作業

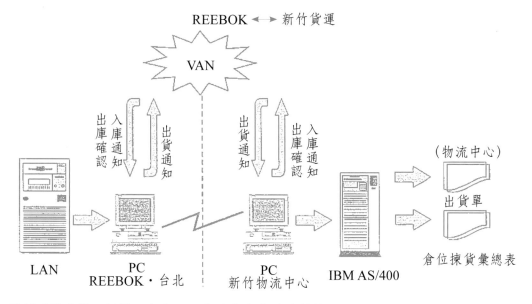

最新型慢跑鞋，拆櫃入庫後，72小時後全省同時促銷。

圖5-19　供貨商REEBOK與新竹貨運間的VAN連線作業

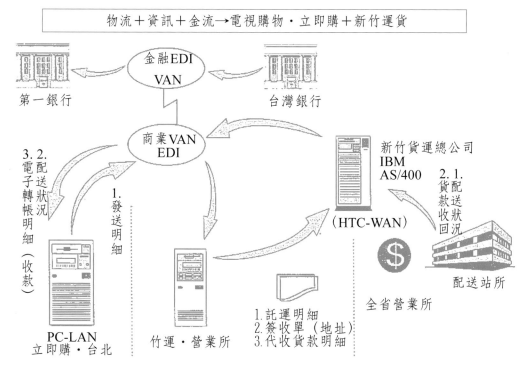

完整銷貨通路：運輸、貨物管理、電子轉帳、收款、對帳→Total Solution。

圖5-20　EDI VAN系統連結供貨商、貨運公司及金融單位

127

§ 討論問題 §

1. 試以圖示並比較說明傳統文件處理與EDI文件處理之交易作業流程。

2. 從作業層面說明EDI之應用效益。

3. 試以圖示傳統的企業通訊網與EDI環境下之企業通訊網。

4. 何謂加值網路？

第 **6** 章

電子訂貨系統
（EOS）

前　言

第一節　何謂電子訂貨系統（EOS）？

第二節　EOS的下單／接單作業

第三節　EOS的訂貨作業

第四節　EOS之配備

第五節　導入EOS之準備工作

第六節　EOS應用效益

第七節　EOS成功案例

　　案例一　寶島眼鏡

　　案例二　吉甫國際股份有限公司

§討論問題§

前　言

　　傳統的訂貨透過電話、傳票或傳真來進行，聽錯、記錯等狀況層出不窮；而電子訂貨系統（Electronic Ordering System，以下簡稱EOS）是在店內使用手持式終端機（Handy Terminal）輸入訂貨資料，再經由通信線路將資料傳送給供貨商，如此一來，人為的疏失減少了，叫貨、送貨的效率也提高了。

　　EOS被導入時，最初使用在連鎖店，目的在於使各店與總公司補貨業務之合理化與效率化。例如，統一超商已上線的門市，每家皆有一部手持式終端機MT-100，其上附有光筆，門市人員訂貨時，只要在訂貨簿（Order Book，其中有每一商品之條碼），以光筆一刷，該商品之名稱就會顯現在手持式終端機的螢幕上，接著將欲訂之數量鍵入即可。當所有資料皆輸入MT-100後，再利用RS-232線來連接MT-100上之自動撥號功能鍵，即可將資料傳送至該區域資料中心之迷你電腦，該資料中心再將所屬各門市的訂貨資料，利用專線傳到物流中心，做為揀貨的依據，隔天物流中心之送貨司機就可將所訂之商品送到各門市。

第一節　何謂電子訂貨系統（EOS）？

　　所謂「電子訂貨系統」（Electronic Ordering System, EOS）係為一資訊傳送系統，在商店之電腦中鍵入或補充訂單的資料，經由通訊網路可將該資料輸送到總部或配送中心的電腦，以協助商店、總部、配送中心來達到收發訂單省力化、蒐集情報迅速化及正確化的目的。茲將其概念列示於下，見圖6-1。

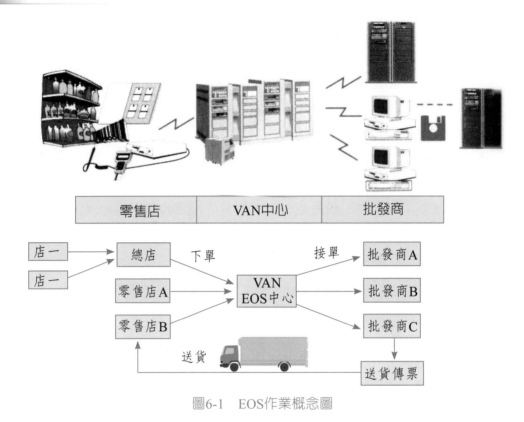

圖6-1　EOS作業概念圖

第二節　EOS的下單／接單作業

茲以圖6-2說明EOS的下單／接單作業流程。

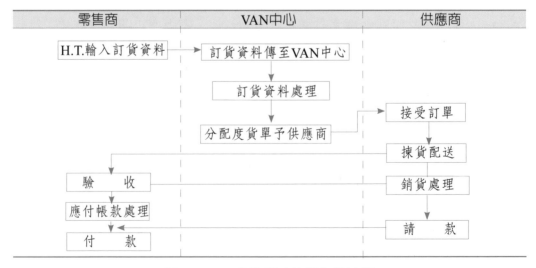

　　　　　　　圖6-2　EOS的下單／接單作業流程

一、下單資料輸入（零售商）

用下單終端機的條碼讀取機，讀取貨架上的貨品標籤或電子訂貨簿上的商品代碼，並輸入接單人（批發商）代碼。

圖6-3　便利商店店員正以Handy Terminal讀取貨架上的標籤，進行電子訂貨作業

二、下單資料傳送（零售商）

完成下單資料輸入後，經由傳送裝置，以電話線路傳送到加值網路中心。

三、加值網路中心的處理流程

分成以下五個步驟：

1. 蒐集來自各零售商的下單資料。
2. 在下單資料上加入商店名稱。
3. 下單副本送給零售商。
4. 分配下單資料給接單人（批發商）。
5. 傳送資料予批發商。

四、批發商（供應商）接單處理

分成以下三個步驟：

1. 由加值網路中心接收接單資料。
2. 處理接單資料，並印出揀貨單（Picking List）及交貨傳票。
3. 根據揀貨單揀貨，並交貨給零售商。

第三節　EOS的訂貨作業

一般而言，電子訂貨可分為企業內與企業間兩類。

一、企業內的電子訂貨

電子訂貨的發展初期，只限於企業內部的訂貨作業連線化，也就是各分公司（分店），藉由終端機與總公司連線傳送訂貨資料，總公司再將各分公司的訂貨資料整理成表單，利用人員、郵政、電話、傳真等方式傳送給供應商，供應商再將其輸入電腦。

較先進的做法是將訂單資料利用數據機，透過電話線由總公司傳給供應商，或利用VAN中心的E-mail功能傳送。然而，上述方法都只是原始檔案的傳送，供應商必須個別轉檔或印成報表，經由人工再輸入，才能進入訂單處理系統，以便列印揀貨單、出貨單等單據，如圖6-4所示。

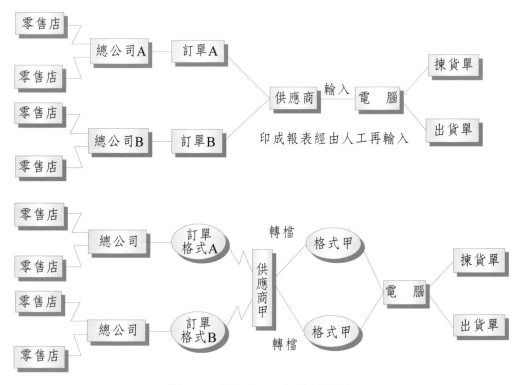

圖6-4　企業內EOS作業架構圖

若零售商與供應商的主機系統不同而無法直接傳送時，有時供應商為了接生意，另外購買能與對方通話的通訊軟體或另置一部電腦接收其電子訂貨資料（當為終端機使用），這種做法在交易對象多時是很不符合效益的。

二、企業間的電子訂貨

　　企業間的訂貨作業，如有連線之必要，則需要解決不同的作業流程、不同的表單格式，以及不同的電腦機種之間的資料交換。就技術上而言，企業互通資料在網路通信上不是問題，問題在於如何解決彼此間資料交換的標準。要解決這個問題，則須引入EDI觀念及VAN網路中心。

　　運用EDI進行訂貨作業，其做法為各零售店透過VAN中心（或電信網路）將訂貨資料傳給總公司，總公司彙整處理後，將訂貨資料轉為標準EDI格式後，傳給VAN中心，由VAN中心將其分配給各供應商，零售店亦可直接將訂貨資料轉為標準資料格式後，藉由VAN中心將訂貨資料傳給供應商。供應商可在約定時間裡接收VAN中心的訂單資料傳送，亦可藉由VAN中心的E-mail功能，在適當時間自行取用。供應商取得標準格式訂單資料後，將其轉為內部系統使用格式，以進行資料處理，整個訂單資料傳送流程如圖6-5所示。

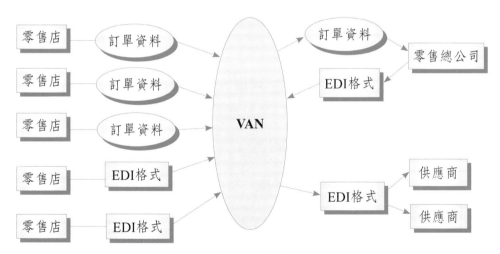

圖6-5　利用EDI進行EOS

第四節　EOS之配備

一、手持式終端機（Handy Terminal）

這是店內用來輸入訂貨資料的重要工具，它與電腦主體分離，帶著它可在巡視貨架時，利用附屬於機上的光筆來掃描貨架的條碼標籤，輸入商品資料，再以人工輸入訂貨數量即可。

二、附有交換機的電話機

將已輸入於手持式終端機的訂貨資料，透過交換機的轉換，經由電話線路，傳輸給供應商。

三、加值網路中心（VAN Center）

負責將各零售點的訂貨資料集中、處理、分類後，傳送給各供貨批發業者。

四、貨架標籤發行機

貨架標籤發行機可隨時隨地印刷出所需之條碼、品名、價格等資料之標籤，貼示於貨架上，以便貨架管理及訂貨掃描之用。

五、訂貨簿（Order Book）

日配品、不規則形狀的商品很難於貨架上標示清楚，則可印在訂貨簿上。利用訂貨簿時，可以直接於訂貨簿上讀取條碼資料來訂貨。不過訂貨簿印刷成本高，加上商品資料的變動亦會造成印刷之成本，故小的連鎖體系和單店可能較不適用。

六、供應商的電腦系統

此電腦系統必須能在接到訂單之後，自動開出出貨傳票，指示倉庫出貨，並做到庫存管理。當然，電腦的規模仍須視往來零售商數目、資料量和處理範圍而定。

圖6-6　訂貨簿

第五節　導入EOS之準備工作

一、訂貨業務的標準化

在進行訂貨業務電腦化之前，須先對現行業務方式作一評估與整合，務必改採標準化的作業方式，例如訂貨作業程序、訂貨時間、下單單位等等。

二、製作商品台帳並妥善管理

商品台帳的設計與運用，可以說是EOS成功的正確度與否的重要關鍵。即

137

使訂貨效率快速，但商品資料管理不當，仍會造成混亂而喪失了正確度。

三、貨架標籤的管理

貨架標籤與訂貨簿之運用得當，可產生互補之功效。而因新進商品、價格變更等原因，貨架標籤必須頻繁地發行，因此如何順利地完成貼換作業，就成了很重要的一環了。

四、商品條碼之應用

商品條碼為所有商業自動化之基礎，每一商品都應有原印條碼，訂貨時都用此原印條碼，則不同的供應商及加值網路中心都能辨識此商品，以達到商品流通之效率化。

第六節　EOS應用效益

	效　益
零售商	・通訊的專業服務 ・下單正確且簡易快速 ・適量訂貨，可分多次下單 ・縮短交貨時間 ・防止售空缺貨 ・減少庫存壓力 ・零售店資訊系統化的第一步 （庫存管理、商品管理、應付帳款管理、POS SYSTEM）
批發供應商	・通訊的專業服務 ・縮短接單、下單處理時間 ・降低工時及處理錯誤 ・減少退貨 ・庫存適量化 ・確立倉庫管理之體制 ・為批發業系統化的基礎

第七節　EOS成功案例

案例一　寶島眼鏡

一、公司簡介

1956年，陳國富夫婦以新台幣2,000元，從一間五坪大的店面開始，逐漸發展成鐘錶業之龍頭。1976年於三重市成立第一家「寶島眼鏡行」。1981年正式以「寶島眼鏡公司」的名字，開創了眼鏡專業的連鎖經營。寶島眼鏡經營團隊，歷經二十年多的不斷努力，如今已是全世界最大的華人眼鏡連鎖集團。然而有志者從不自滿，要追求成功卓越，就要立下更遠大的雄心壯志，寶島眼鏡邁向未來，要超越顛峰，更要挑戰極限。

寶島眼鏡以誠實服務的中心思想，率先提出「品質、技術、滿意、服務」的四大保證，凡是寶島眼鏡的消費客戶，即享有四大保證，可獲得全國連鎖的專業服務。自從率先提出四大保證，不僅受到廣大消費者的熱烈迴響，更引起同業對消費者權益的重視，形成良好的示範作用，進而促使同業以更積極而負責的態度，提供銷售服務。1998年起，寶島眼鏡再次提出第四項保證——服務保證，提供免費諮詢電話，使消費客戶的權益與保障更加完善。

2001年，寶島公司為因應國內消費市場之變化及同業間價格競爭策略，進行企業改造，首先引進眼鏡製造及在批發領域經營績效相當卓越之金可眼鏡集團，垂直整合上、中、下游順暢之產銷體系，由經營製造且在貿易批發及管銷通路經驗豐富之蔡國洲董事長接掌「寶島眼鏡」集團，並委由專業經理人以全新的思維與觀念，以及優質的服務、專業的技術與多樣的商品迎接市場激烈的競爭。

寶島眼鏡一直廣受世界著名流行品牌廠商的矚目，主要由於寶島眼鏡在台灣已成為消費者最為信賴的配鏡專業品牌，並且最早引進標準化之企業識別系統（CIS），在全省分公司中，皆採用統一的企業LOGO、店頭陳列，以及專業服務等。另外，寶島眼鏡亦於同業中首先將配鏡的服務流程標準化，以便利消費者於全省各分公司配鏡時，都能享受絕對專業的服務；因此不論是商品、服務、企業形象、經營管理，皆能累積最卓越的品牌資產，成為世界最大華人眼鏡連鎖眼鏡集團。

二、EOS VAN應用系統

寶島眼鏡公司2005年11月全省共有260家分公司,目前全省分公司完全導入EOS VAN系統,不僅成效卓著,且為客戶提供滿意之服務。

寶島眼鏡體系的作業方式,乃是每日上午十時之前由總公司前一天的鏡架庫存異動資料,傳送至VAN中心,VAN中心即時更新存放VAN於中心系統內之全省一百八十餘家的鏡架庫存資料庫,以提供全省分公司於每日開店後的即時庫存查詢及分公司的調貨、補貨作業。

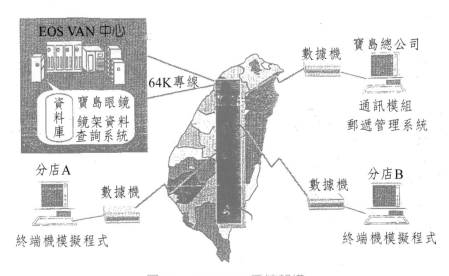

圖6-7　EOS VAN系統架構

三、EOS應用效益

1. 節省總公司原有作業人力。
2. 於晚上及假日生意最好時段,能夠提供客戶即時滿意的服務。
3. 善用加值網路,系統維護便利。

案例二　吉甫國際股份有限公司

一、公司簡介

設立於1989年的吉甫國際股份有限公司（UNICORN HOUSE INTERNATIONAL CORPORTION），自創立之始即以龍馬為商標，堅持追求完美之理念，建立良好的企業識別體CIS，將公司的精神、理念、能力與信心藉由CIS傳達給消費者，建立企業形象。「吉」、「甫」二字分別代表Unicorn與House，意味著吉甫國際股份有限公司所製造、銷售每件商品的水準，皆如象徵尊貴吉祥的「UNICORN」所呈現出的真、善、美，「HOUSE」代表著早期縱橫七海、找尋商機的大貿易商，「INTERNATIONAL」則代表了吉甫國際股份有限公司的堅持——只用來自全球最好的原料及技術，以提供消費者最佳的品質。

在企劃、設計、採購、通路、零售等各方面的整合優勢之下，吉甫公司締造了服務業連鎖品牌的佳績，並成功地將UNICORN推向國際市場，也因此獲得經濟部中央標準局所舉辦「第一優良商標設計選拔精品百貨類最高獎座」暨「中華民國消費協會」審慎評鑑頒發「全國消費者績優廠商服飾類精賞獎」的殊榮。並因而榮獲1996年亞特蘭大100週年奧運紀念商標及吉祥物「IZZY」標誌的使用權，在「成衣類、服飾配件及相關文具用品」中，成為台灣地區第一家奧運百年慶祝標誌的授權廠商。

二、EOS VAN應用系統

吉甫國際股份有限公司之作業方式，乃是總公司每日必須將前一天全省六十餘家之營業資料彙總分析，以即時掌握門市之銷售狀況與庫存，以便即時補貨。各家門市於當日營業結束後，即時將營業狀況藉由VAN中心傳回總公司，總公司隔日一早上班即可掌握全省各門市之營業狀況。

三、EOS應用效益

1.節省作業人力、時間。
2.即時掌握全省門市之營業情況。
3.即時自動補貨、降低缺貨率，提高客戶滿意度。

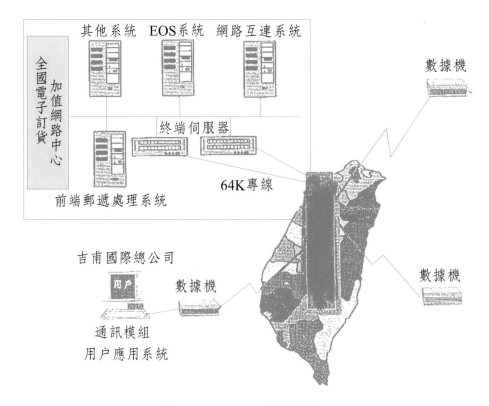

圖6-8　EOS VAN系統架構

§ 討論問題 §

1. 何謂EOS？請以圖示EOS概念。
2. 請以圖示並說明EOS下單／接單作業中，零售商、VAN中心及供應商間之作業流程。
3. 簡述導入EOS之準備工作。

第 **7** 章

物流自動化

前　言

第一節　物流之意義

第二節　物流管理之挑戰

第三節　物流中心之型態

第四節　物流中心的作業內容

第五節　物流中心之規劃

第六節　物流中心之訂單處理

　　　6-1　訂單處理的課題

　　　6-2　物流中心與零售商的訂單流程

　　　6-3　相關的物流及資訊系統

　　　6-4　訂單處理作業

第七節　物流中心之訂單管理

　　　7-1　訂單進度追蹤

　　　7-2　訂單異動處理

　　　7-3　訂單資料商流分析

第八節　揀貨系統（Picking System）

　　　8-1　揀貨系統的基本概念與應用

　　　8-2　電腦輔助揀貨系統（CAPS）

第九節　物流自動化成功案例──捷盟行銷物流中心

§討論問題§

前 言

便利商店之所以取代傳統商店而位居強勢地位，不只是其能因應消費型態的轉變，提供明亮的賣場、多變的商品組合和便利的服務，還在能有一個堅實、機動的後勤支援系統提供適時、適品、適量、適價的物流配送。尤其如何在一個三十坪左右的店面中陳列上千種商品且不允許缺貨，這樣一個將多品種且異態的商品集中在一起的工作，實在有賴一個專責、專業的事業組來完成此一使命。

第一波通路革命所引發零售組織的多店舖化、連鎖化及多業態化，突顯了物流作業的效率問題。企業在面對眾多的零售網時，若無一個有效率、機動的後勤物流支援體制是無法達成目標的，因此物流系統是否健全，攸關企業經營成敗。在此背景下，一個專業物流配送體制──物流中心開始興起，這個集訂單處理、倉儲管理、揀貨配送於一身的事業體，已由原本不受重視的作業性、支援性角色，躍升為企業策略運作的事業體，以及一個能取得競爭優勢、降低成本的第三利潤來源。

第一節 物流之意義

產品製造完成後，從製造者轉移至消費者手上的移動過程，就稱為流通通路（Distribution Channel），一般可分為針對商業交易之商流及針對商品流通之物流兩種。一般而言，商流發生於物流活動之前。

廣義的物流定義，係原料製成品，經過配送流通至消費者手中之所有程序，又稱企業後勤活動，如圖7-1所示。廣義的物流包括資材物流、生產物流與銷售物流等基本活動。狹義的物流，則專指產品從製造者至消費者間之實體活動。

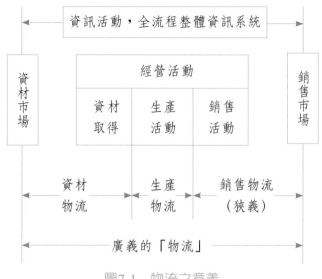

圖7-1　物流之意義

　　一般而言，與物流相關的活動，包括裝卸、包裝、保管、輸送、流通加工等，如圖7-2所示。

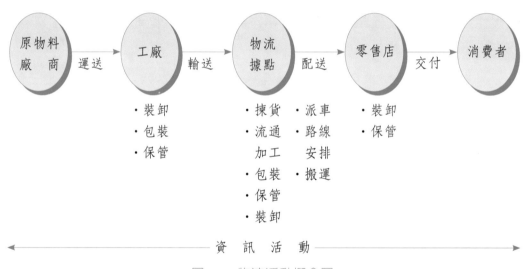

圖7-2　物流活動概念圖

　　從物流據點之觀點，這些活動之特性可以說明如下：

㈠區分「輸送」（Transportation）與「配送」（Distribution）之特性及原則

　　輸送是指由工廠到「配送中心」（Distribution Center, D.C.），追求少品種甚至一品種之大量及長距離運輸。而配送則由D.C.到客戶（經銷商店等），

追求多頻率、多樣少量之短距離配送。

(二)物流據點內之活動

包括採購、庫存、搬運、揀貨、流通加工、裝卸、派車、路線安排等。

傳統上，將企業活動分成行銷與生產兩大功能，生產功能為供給，行銷功能為需求，而物流則形同生產與行銷兩者之中介，透過物流活動，生產出之商品才得以行銷至需求者手中。

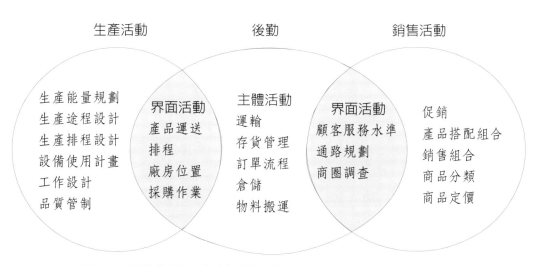

圖7-3　企業後勤活動（物流）所扮演的生產與行銷之角色功能

第二節　物流管理之挑戰

傳統的物流通路是由不同的製造商輸送商品至不同的批發商，再配送至不同的零售店，以圖7-4表示。

而1990年代以後，由於以下幾個因素之衝擊，促成物流管理之變革：

一、消費時代的來臨

消費者的需求隨著經濟發展，走向追求便利性、多樣性、快適性與流行性，傳統的批發倉儲運輸業無法適應。

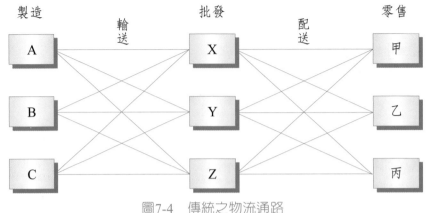

圖7-4　傳統之物流通路

二、零售業壓力的增強

㈠零售商的現存壓力

‧及早掌握暢銷品，避免缺貨造成之損失；及早發現滯銷品，減少積壓成本。

‧販賣商品種類及組合須隨時調整，以反應市場需求，提高商品回轉率。

‧店租高昂，須減少庫存，提高坪效。

‧多樣少量及拆箱供貨的配送需求。

‧要求配送前置時間縮短。

‧生鮮、日配品之鮮度要求（快速配送）。

㈡供貨商的因應對策（參考圖7-5）

1.調整配送策略：
　‧製造商為減少庫存，對大客戶採直接送貨。
　‧物流中心24小時運作，實施夜間配送以提高配送效率。

2.提升物流作業技術：
　‧因應零售商小量化訂貨，導入小量化揀貨系統。
　‧運用商品條碼於流通包裝，以便利出入庫及在庫管理。

3.導入效率化物流設備：
　‧為提升物流機能，物流中心導入立體自動倉庫、自動分類機。
　‧運用可攜型終端設備，便利在庫管理及訂貨、盤點作業。

4.應用電腦技術，從接單到送貨一貫資訊處理on-line化。

5.應用通訊技術建置加值網路（VAN）系統，提升資訊的附加價值，掌握有價情報。

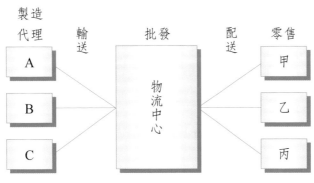

製造
代理 　輸送　 　批發　 　配送　 零售

圖7-5 現代化物流通路

表7-1 傳統倉庫與自動倉儲比較

	傳統倉庫	自動倉庫
占地面積	占地面積大	占地面積小
料架高度	低	高
作業時間	不一定	穩定
物品存取	以人就物	以物就人
物料類別	同類同區	隨意存放
破損率	高	低
盤點	費時費力	輕鬆確實

第三節 物流中心之型態

　　在上節中，曾談到零售業在消費者多樣化的需求下，面臨了許多壓力。對於零售業而言，如何提高整體通路的效益，連結上游製造業，滿足多樣少量的市場需求並縮短通路及其成本，已成為零售業刻不容緩的目標。因此利用電腦化的支援，行銷通路的控制，更整合生產管理、資訊系統、行銷機能等綜效（Synergy），使得物流成為高層次之策略考慮要素。

　　為有效達成商品流通的任務，必然要有成品進貨、儲存、加工、揀取、包裝、分類、裝卸及配送的功能。為了達成上述功能，結合軟、硬體設施、人員及技術等所成立之組織，即稱為物流中心（Distribution Center, D.C.）。目前

國內物流中心的型態可做如下分類：

一、以發起者背景區分

㈠MDC (Distribution Center built by Marker)

製造商或進口商為掌握零售通路向下整合所發展出的物流中心。如：環瑋物流、世達低溫、東源儲運、僑泰物流、永通物流。

㈡WDC (Distribution Center built by Wholesaler)

代理商、經銷商、批發商轉型而成物流中心。如：康國行銷、德記洋行、聯強國際。

㈢ReDC (Distribution Center built by Retailer)

零售商為因應迅速、多樣的消費需求及增加市場議價空間向上垂直整合的物流中心。如：捷盟、全台物流、萊爾富物流、彬泰物流、惠康物流。

㈣TDC (Distribution Center built by Trucker)

貨運業藉由本身的利基，欲進入物流業所成立的物流中心。如：大榮貨運、新竹貨運、茂永物流。

二、以服務對象區分

㈠專屬型（專用型、封閉型）物流中心

物流中心附屬某一企業體系，只負責企業體系內的配送作業。如：捷盟。

㈡共同配送型（泛用型、開放型）物流中心

提供不同批發、零售商的配送服務。如：新竹貨運、德記洋行、僑泰物流。

三、以物品保存特性區別

1. 常溫物流中心。
2. 低溫物流中心（冰、溫、冷凍）。

四、功能分類

㈠整合性物流中心

含採購、儲存、銷售、包裝、配送、帳務處理。

㈡單純化物流中心

僅負責儲存、配送作業。

㈢委託性物流中心

僅負責配送。

表7-2　台灣運輸物流業家數

類別	空運承攬	海運承攬	海運船代	報關行	倉儲業	物流中心	合計
家數	866	542	334	1,487	303	10	3,542

統計截止日期：2004年8月3日。

第四節　物流中心的作業內容

　　傳統的物流作業侷限在倉儲活動，物流之管理則侷限在作業階層；而現代化專業物流中心為因應流通環境之變革，勢須突破傳統的格局，整合運用資訊與自動化技術，營造出滿足現代化商業需求的物流後援。有鑑於此，現代化物流中心之作業內容如下所述：

一、政策層次

1. 倉儲策略，如庫存量、庫存分配方式之擬訂。
2. 時間排程策略，如從訂貨到交貨所需的前置時間計畫。
3. 服務策略，如整箱或單品運送、附加包裝服務、商品標價問題。

二、制度管理層次

1. 物流網路（Network）的建立。

2.物流據點的位置選定（Location）。

3.物流據點的設備投資。

4.物流管理及其作業組織。

三、作業活動層次

物流中心內部之作業活動如下：

㈠進貨作業

包括進貨基本單位的決定、卸貨、檢查及驗貨。

1.事務性業務

⑴表單設計與使用，如送貨單、退貨單等。

⑵電腦及其設備，如條碼、磁卡、IC卡、光學讀取（OCR）、標籤、聲音、鍵盤操作。

2.商品檢驗業務

⑴貨車起卸作業，如裝卸貨平台設計。

⑵運搬作業設備，如產業車輛、輸送機、高架吊車等。

3.開箱作業

⑴裝法：紙箱、疊棧板機、木箱、塑膠籃等。

⑵工具：切斷機、拔釘器等。

⑶廢紙箱：垃圾滑槽、垃圾箱等。

⑷替代容器：棧板類、塑膠籃類。

⑸單位裝載化：棧板、貨櫃車、塑膠類。

㈡入庫作業

庫存指示、運搬以及上儲架。

1.倉儲位置布置及分類

⑴手動：空架單位、位置大小。

⑵終端機：螢幕作業、光筆、條碼掃描機、聲音、光學、磁氣等。

⑶電腦、控制器、光學磁器。

2.搬運作業

(1)手動：產業車輛、人員、輸送機、升降機、高架吊車等。
(2)半自動：產業車輛、輸送機、升降機、高架吊車等。
(3)全自動：產業車輛、輸送機、升降機、高架吊車等。

3.收藏

(1)平地：地上、移動平台等。
(2)料架：靜態料架與動態料架。

(三)出庫作業

位置指示、揀取加工（貼標籤、標價等）、檢查（品質、項目、數量、類別）暫存、包裝及分類。

1.揀取

(1)人力調配。
(2)設備：車輛、輸送機、升降機、高架吊車等。
(3)檢查作業：人力（手動、掌上型電腦、液晶顯示、移動料架、輸送機等）。

圖7-6　物流中心之搬運作業現場

2.搬運作業

與入庫作業相同。

3.分類作業

(1)手動作業：產業車輛、人工、輸送機、升降機、高架吊車等。
(2)半自動：如鍵入操作、聲音、產業車輛等。
(3)全自動：如條碼（光學、磁氣）。

4.流通加工

(1)標價：可分為人工、半自動、全自動等。
(2)包裝：可分為人工、半自動、全自動等。
(3)封箱：可分為人工、半自動、全自動等。
(4)切斷：可分為解凍、裁尺寸、切割等。
(5)重新包裝。

圖7-7　經自助感應條碼將已揀取之商品集中分配至各零售點

5.集貨

⑴裝法：如棧板、手推揀料車、紙箱、流動料架、輸送機料。

⑵客戶的分類：如輸送方法、車輛別、成本別等。

㈣出貨作業

包括出貨基本單位、貨品包裝及派車計畫。

1.事務作業

⑴揀取作業→集貨單→配送單。

⑵交貨單：如貨物明細、交貨卡、IC卡、標籤、磁氣卡、條碼、送貨單
　等。

⑶領貨單：如收貨單、送貨單、物品受領書等。

2.提交作業

⑴會同檢查。

⑵裝卸作業：可分為往台車上的堆積作業以及搬送作業（同入庫作業）。

㈤退貨作業

1.進貨作業

同進貨作業。

2.廢棄作業

⑴判別檢查。

⑵事務處理：如廢棄審議書、廢棄傳票等。

⑶會同與提交。

⑷輸送處理。

第五節　物流中心之規劃

規劃一個物流中心，首應考量下列因素：

一、地理位置及空間

1. 交通便利程度。
2. 足夠的發展空間。
3. 充足的人力供應來源。
4. 足夠的使用面積。

二、倉儲規劃

倉儲規劃可分為圖7-8所示的四個階段：

1. 第一階段：依商品配置分成整箱出貨商品與單品出貨商品。
2. 第二階段：調查出貨狀況分高頻度、中頻度、低頻度出貨商品。
3. 第三階段：品種、製造商品群的分類。
4. 第四階段：廠商分類。

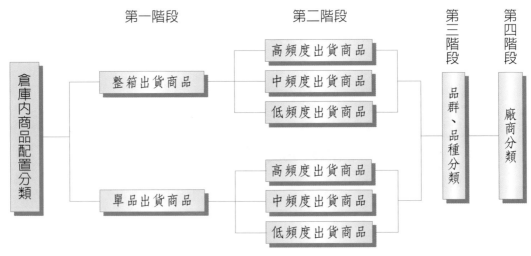

圖7-8　倉庫內商品配置分類的順序

倉庫內商品配置分類的順序，可參考圖7-9所示。

圖7-9 倉庫內商品基本配置

第六節 物流中心之訂單處理

從前節可知，物流中心牽涉的作業內容繁雜，每項作業都是物流中心能否正常、有效率運作的重要因素。然本章僅以下述兩項為闡述重點，未盡之處，尚祈讀者進一步探索。

1. 從資訊技術應用角度探討「訂單」作業。
2. 從自動化技術設備角度探討「揀貨」作業。

6-1 訂單處理的課題

從零售商的下單作業到物流中心的接單處理作業，傳統的訂單作業方式將面臨表7-3所列之課題。

訂單處理是供需雙方的事，要提升訂單處理效率，須考量雙方的作業改善。尤其企業間合作共同創造利潤的趨勢來臨，如何在雙方間找尋一種更合適的訂單處理方式，是訂單處理的重要課題。

表7-3　訂單處理面臨之課題

	零售商		物流中心
如何簡化訂貨作業	・傳統作業店員巡視貨架後填寫訂貨單資料，藉由電話、人員、傳真方式傳給供應商，訂貨作業耗費人工。 ・供應商巡貨補貨影響賣場作業。	如何簡化接單作業	・傳統接單方式易造成訂貨資料不明確。 ・巡貨補貨耗費人工。
如何提高訂貨資料正確性	・商品多元化，同一商品多種口味、多種包裝、多種規格，面臨多元化的商品組合，傳統訂貨方式易生錯誤。	如何處理的量訂多貨繁資料　如何掌握訂單進度	・零售店家數多，每家訂貨品項多且銷售條件不同（信用額度、售價、加工要求、配送要求），造成訂單資料繁雜。 ・多樣少量高頻度的配送要求。
如何快速下單	・傳統下單方式費時、費力，且常重複輸入。		・訂單的進度、交期、庫存缺貨、訂單異動等之處理。

6-2　物流中心與零售商的訂單流程

　　就商業活動來看，物流中心的訂單處理為商業交易的一環，是物流中心與零售商互動作業，因此並非單獨的內部作業可完成。從零售商下單、物流中心接單、訂單資料輸入處理到出貨商品的揀貨、配送、驗收，最後請款、取款，這一連串的資料處理不是物流中心單方面的內部系統作業，而是雙方之間相關系統的一體活動，如圖7-10所示。

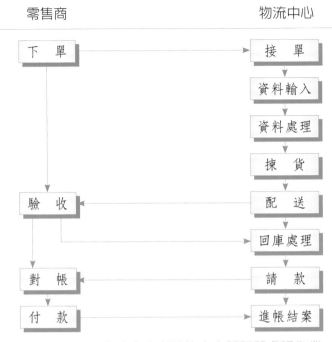

零售商　　　　　　　　　　　　物流中心

圖7-10　物流中心與零售商之間訂單處理作業

6-3　相關的物流及資訊系統

　　由前面章節了解了物流中心與銷售通路間的訂貨流程之後，在探討物流中心內部訂單處理作業前，宜先從一個宏觀、整體的角度來看物流中心的訂單處理作業，以了解在物流中心整體作業裡，訂單處理扮演怎樣的角色？其作業績效影響到那些作業？以及其作業對整個物流中心運作有何影響？

一、訂單處理開啓物流作業

　　在物流中心每天營運活動裡，訂單處理扮演開先端的角色。也就是說，由客戶端接受訂單資料，將其處理、輸出，以便開始揀貨、理貨、分類、配送等一連串物流作業，如圖7-11所示。

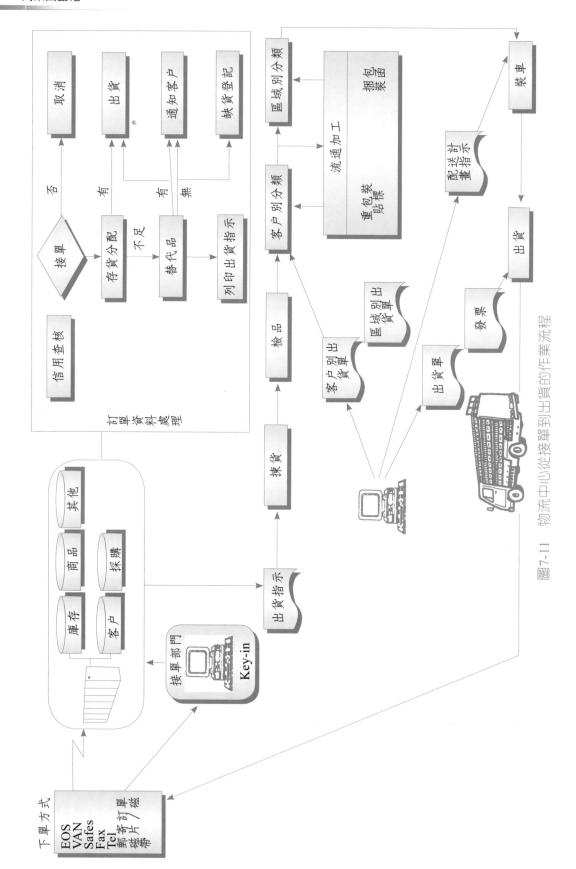

圖7-11 物流中心從接單到出貨的作業流程

物流中心的物流作業可分為進貨物流與出貨物流，如圖7-12所示。接受客戶訂單後，經過訂單處理，開始揀貨、理貨、分類、裝車、出貨等出貨物流作業。而物流中心為繼續營運、滿足客戶商品需求，須補充商品庫，所以須向供應商採購，因此有進貨、檢驗、入庫、儲存保管等進貨物流作業。物流中心每天的物流作業可說是直接或間接由訂單處作業開啟。

　　訂單處理既開啟一連串的物流作業，因此其處理的正確性、效率性，深切地影響到後續的工作績效，所謂「垃圾進，垃圾出」，錯誤的訂單處理，引發錯誤的揀貨、配送作業以及事後的退貨、補送作業，這些商品往返的處理成本，不是物流中心長期能接受的。

　　尤其在現今零售業一片無缺貨、迅速配送要求呼聲下，訂單處理的效率提升，實為一切作業效率提升的前提，因此如何有效、正確的接單、輸入訂貨資料，以及如何將因少量多樣多頻度的訂貨所產生的大量、繁雜訂貨資料作最有效的分類、彙總，以便後續的作業能有效、正確的進行，皆是訂單處理的重要課題。

二、訂單處理開啟資訊流

　　資訊的產生隨著作業而來，訂單處理開啟物流中心的物流作業，亦同時開啟資訊流作業。在物流中心資訊系統架構裡（見圖7-13），訂單經訂單處理系統處理後產生出貨指示資料，轉入派車管理系統進行配送路徑安排及車輛指

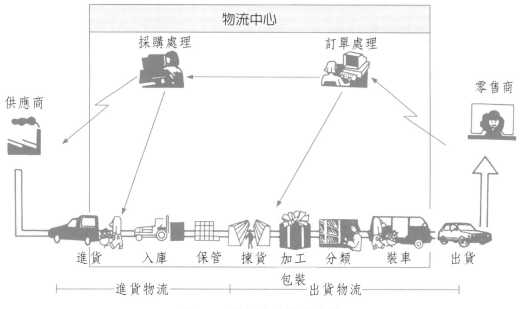

圖7-12　物流中心物流作業

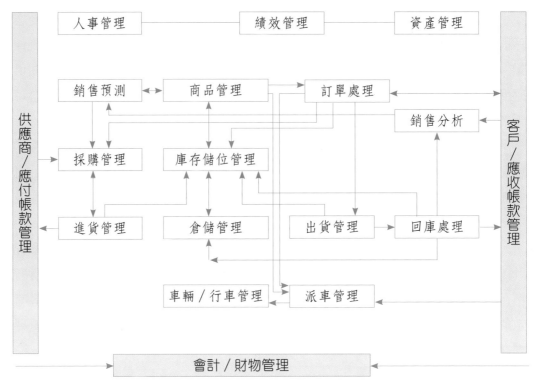

圖7-13　物流中心資訊系統架構

派，同時每日的派車資料為運費管理及車輛／行車管理系統的資料來源。另一方面，出貨資料進入出貨管理系統進行出貨資料的實際修正（揀貨後）及出車出貨資料的確認，當配送回庫後，出貨資料經回庫處理系統確認實際送貨資料，即可進入客戶應收帳款系統進行帳款結算。由此觀之，許多子系統的資料來源及報表皆源於訂單資料，因此訂單處理系統的作業關係著整體資訊系統的績效，連帶的影響作業處理的正確性及效率。

三、訂單處理與相關作業系統之關聯

訂單處理為物流中心物流及資訊流的開端，其處理結果影響後續作業以及其處理過程中如何考慮、支援相關作業系統。若在訂單處理系統設計時，能將這種種因素加以考量，則系統將更有彈性。下面就訂單處理系統與相關作業系統的相關性予以探討。

㈠庫存

訂單處理的主要目的在於銷售庫存商品，因此訂單處理的重點在於如何將庫存商品作最有效率、最有利益及最有彈性的分配。

1.效率

如何將大量訂單資料有效的分類、彙總。

2.效益

如何將現有資源（物、人、設備）作最佳的分配。

3.彈性

替代品、先進先出等的運用。

㈡揀貨

揀貨作業為訂單處理的後繼作業，其作業指示來自於訂單處理的輸出，因此訂單資料處理應考慮現有揀貨作業模式、方法，使揀貨作業更正確、更有效率。

採用自動化揀貨設備的企業，其訂單處理的輸出格式須配合自動化設備的作業方式，才能發揮設備的效益。

㈢採購

接單、庫存分配時，對已採購未進貨商品的資源運用，以提高人員接單效率及接單判斷的準確度；同時庫存分配後，缺貨商品的資訊是採購決策的重要資料來源。

㈣商品促銷活動

促銷活動是流通業常用的行銷方法，訂單處理系統須能配合商品促銷活動，檢查客戶購買條件是否符合促銷資格，以及將促銷資料，如價格折扣或贈品品項、數量、包裝等資料，反應在訂單資料上。

㈤回庫資料處理

配送商品遭客戶拒收退貨時，配送回庫時須根據退貨資料修改客戶訂貨資料，以配合實際出貨資料，便於取款。

・應收帳款

客戶實際出貨資料，為應收帳款系統的資料來源，系統依據客戶出貨資料

結算客戶應收帳款，以便開發票向客戶請款；同時客戶的應收帳款資料，可供接單時的信用查核。

㈥配送規則

訂單處理的輸出資料，為派車、配送路徑規劃系統的資料來源。

㈦銷售分析

客戶的歷史訂單資料是銷售分析的資料來源。

6-4　訂單處理作業

物流中心的訂單處理範圍在於處理零售店的訂貨作業，故其作業流程起始於接單，經由接單所取得的訂貨資訊，經過處理和輸出，開啟物流中心出貨物流活動。在這一連串的物流作業裡，訂單是否有異動、訂單進度是否如期進行，亦是訂單處理範圍。即使配送出貨，訂單處理並未完成，其配送時的訂單異動，如客戶拒收、配送錯誤等，這些異動狀況處理完畢，確定實際的配送內容，則訂單處理方才結束，如圖7-14所示。

第七節　物流中心之訂單管理

訂單經由接單作業進入物流中心，經過輸入、查核確認、庫存分配等處理，最後產生出貨資料，開始揀貨、出貨配送，最後經由客戶簽收、取款結案等一整個循環作業，整個訂單資料的處理在系統裡才算結束，才能成為系統上的歷史資料。訂單資料在這循環裡的每個節點的處理是否按正常程序進行，以及前後節點間的接替是否確實無誤，這些都是系統應該保證的。因此，對於實際作業上無可避免的訂單異動情況，系統應可加以因應、修正，以維持系統正確性及避免因異動造成損失。

因此，訂單資料經由銷貨分配產生出貨指示資料，並不代表訂單處理作業已結束。訂單是否如期出貨？是否如數出貨？是否已收款？是否發生異動？發生異動後如何處理？這些訂單狀況管理是提升客戶服務水準及掌握營運狀況的重要因素。

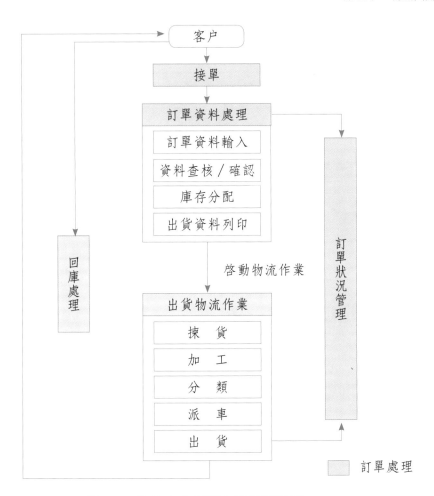

圖7-14　物流中心訂單處理作業程序

7-1　訂單進度追蹤

要掌握訂單進行狀況，須先了解訂單從進入系統到結束離開系統，這中間訂單狀態如何轉換進行，以及系統檔案如何設計，以便掌握其狀態，如圖7-15所示。

●訂單狀態

訂單進入物流中心後，其狀態隨著作業流程的進行相對地變動。一般可分為下面幾種狀態：

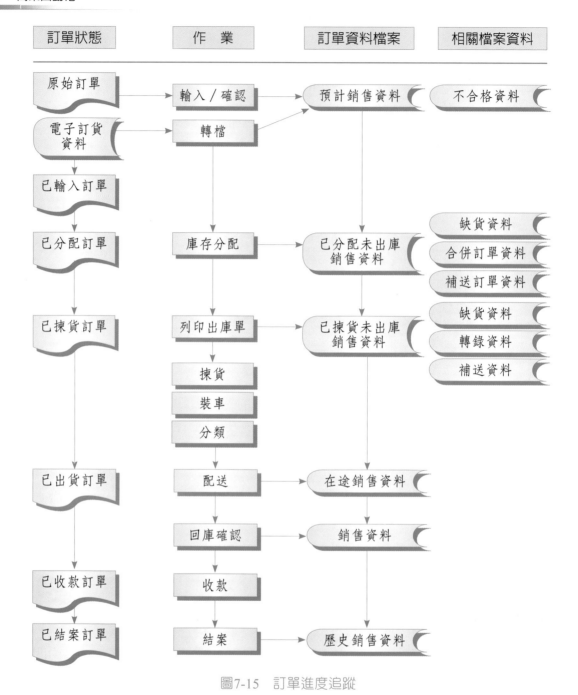

圖7-15　訂單進度追蹤

㈠已輸入及已確認訂單

　　訂單上的訂貨資料輸入完成，連同電子訂貨資料亦轉檔完成，且所有的確認條件皆已查核完成，則此訂貨資料即為公司所允諾客戶的出貨資料，包括商品項目、數量、單價、交易配送條件等，公司須以此資料為出貨依據，並儘可能依條件完成出貨。

㈡已分配訂單

經過輸入確認的訂單資料，即可進行庫存的分配，以確認訂單是否能如數出貨，以及發生缺貨如何處理。經過庫存分配的已輸入及已確認訂單，即轉為已分配訂單。

㈢已揀貨訂單

經由庫存分配，產生出貨指示資料，即可進行實際的物流揀貨作業。而已列印揀貨單進行揀貨作業的已分配訂單資料，即轉為已揀貨訂單。

㈣已出貨訂單

已揀貨訂單，經過分類、裝車、出貨，即轉為已出貨訂單。

㈤已收款訂單

已出貨訂單，經由客戶確認簽收後，即為實際出貨資料，此資料為應收帳款依據。依據此資料，開立收款發票向客戶取款，取得帳款的出貨訂單，即轉為已收款訂單。

㈥已結案訂單

已收款訂單經由內部確認結案後，即轉為已結案訂單。已結案訂單為一歷史交易資料，在系統裡可用於營運管理分析，但已不牽涉到任何事務性交易處理，因此可視需求保留某部分資料在系統裡，其餘的可將其存檔至磁片、磁帶備用，以免占據硬碟空間。

上述幾種訂單狀態為物流中心一般訂單的基本狀態，物流中心可針對本身作業特性、作業需求加以延伸補充。

7-2　訂單異動處理

掌握訂單的狀態變化及詳細記錄各階段檔案資料後，對於訂單的異動處理則能更順手，只要了解此訂單異動時所處的狀態，再針對其對應的檔案加以修正處理。以下列舉幾種訂單異動情形，加以說明。

一、客戶取消訂單

客戶取消訂單常造成許多損失，因此在商流處理上須與客戶事前就此問題加以協定。但就訂單系統內部來看，如何處理此筆取消交易的訂單？此訂單目前進行到那個作業系統狀態？

若此訂單處於已分配訂單未出庫狀態，則應從已分配未出庫銷售資料裡找出此筆訂單，將其刪除，並恢復相關品項的庫存資料（可分配量／已分配量）。若此訂單處於已揀貨狀態，則應從已揀貨未出庫銷售資料裡找出此筆訂單，將其刪除，並恢復相關品項的庫存資料（可分配量／已分配量），且將已揀取的商品回庫上架。

二、客戶增訂

客戶在出貨前，若臨時打電話來增訂某商品項目，是否接受？若接受，則如何將此訂單項目加入原訂單？

先查詢客戶的訂單目前狀態，看其是否未出貨？是否來得及再去揀貨？若接受其增訂，則應追加此筆增訂資料。若客戶訂單處於已分配狀態，則應修改已分配未出庫銷售資料檔裡的這筆資料，且更改商品庫存檔案資料（可分配量／已分配量）。

三、揀貨時發生缺貨

揀貨時發現倉庫缺貨，則應從已揀貨未出庫銷售資料裡找出此筆缺貨訂單資料，加以修改。若此時出貨單據已列印，亦須重新列印。

四、配送前發生缺貨

配送前裝車清點發生缺貨，則應從已揀貨未出庫銷售資料裡找出這筆缺貨訂單資料，加以修改。若此時出貨單據已列印，亦須重新列印。

五、送貨時客戶拒收／短缺

配送人員送貨時，若客戶對送貨品項、數目有異議而予以拒收，或是發生少送或多送等情況，則回庫時應從在途銷售資料裡找出客戶的訂單資料加以修改，以反應實際出貨資料。

7-3　訂單資料商流分析

物流中心具有銷售機能，須掌握市場銷售狀況、客戶需求，以作為市場開發、產品規劃、銷售預測、客戶管理等計畫，而歷史銷售資料，可提供市場規劃人員或業務人員、採購人員、資材人員規劃時的參考或調整現有作業方式的依據。

一、商品別銷售分析

以商品為主，統計分析歷史的銷售資料，製作各種統計報表，以了解各商品市場競爭程度、商品生命週期、商品季節變化，以便人員進行商品組合、新品開發引進、行銷策略、銷售預測、調整存貨水準、售價制訂等計畫。如：

- ‧月別／季別／年別商品銷售金額／銷售量統計資料。
- ‧商品區域銷售排名。
- ‧商品銷售排名。
- ‧久未交易商品。
- ‧商品售價分析。

二、客戶別銷售分析

以客戶為主，統計分析歷史的銷售資料，製作各種統計報表，以了解各客戶購買情況、產品偏好、退貨狀況，以便進行潛在客戶或市場開發、調整客戶服務管理策略或給予外務人員進行作業、行程調整參考。如：

- ‧月別／季別／年別之客戶別商品銷售金額／銷售量統計資料。
- ‧客戶銷售退貨統計資料。
- ‧客戶銷售排名資料。
- ‧久未交易客戶。

三、外務員別銷售分析

以外務員為主，統計分析歷史的銷售資料，了解各外務員所屬客戶銷售情況，以供業務員績效考核或人員重組調配。如：

- ‧期間外務員別銷售資料。
- ‧期間外務員別銷售排名。

四、區域別銷售分析

以配送區域為主,統計分析歷史的銷售資料,了解各區域通路銷售狀況,以便調整各區域行銷策略,或調整各區域行銷配銷資源(增設配送倉庫、轉運站、作業人員……)開發潛在市場等。如:

· 期間區域別銷售資料。

· 期間區域別銷售排名。

· 期間區域別銷售商品排名。

· 區域別銷售消長狀況。

第八節 揀貨系統 (Picking System)

8-1 揀貨系統的基本概念與應用

所謂揀貨(Picking),乃是依照訂貨情報,將顧客所需之商品,自倉庫中揀出,再執行出庫作業的過程。根據調查,揀貨作業的「人力投入」占配送中心的45～50%;「時間投入」占配送中心的30～40%;而「人工成本」占配送中心總成本的15～20%,因此物流中心之自動化、省力化及效率化發展中,揀貨系統為關鍵所在。

探討揀貨系統時,不宜只注意到先進物流中心的立體自動倉庫、輸送帶、自動辨識裝置、自動揀取設備、無人搬運車等自動化設備,而應先掌握自己倉庫的特性,包括物品形狀、尺寸、重量、各物品別之入庫或出庫總數、季節性、時間帶及訂單內容,加以檢討分析,再選擇合適的系統。

一、揀貨作業入出庫之基本型態

針對商品入庫／出庫狀態的差異,揀貨的型態可大分成七類,見表7-4。

㈠整棧板→整棧板(P→P)

1.品項少數量多時

適合於大量入庫之後大量出庫,或季節性強(季節外不動,出庫則全出

表7-4　揀貨作業入庫／出庫之基本型態

入庫保管狀態	揀取出庫狀態
P	P
P	P+C
P	C
C	C
C	C+I
C	I
I	I

註：

P：（Pallet，棧板）

C：（Case，整箱）

I：（Item，單品）

完）。缺點是無法先進先出，品項多或每次揀貨少量且揀貨次數增多時，效率就差。

2.棧板流動棚（Pallet-Flow Rack）

可達先進先出之效果。多品種（一至一百種）每次揀貨的Q/I小（一至五棧板）、出庫次數頻率大時，均可用此法。

3.棧板移動棚

節省走道空間，棚架可自由移併或分出走道。

4.棧板迴轉棚

按鈕叫出指定的棚架到固定的揀貨位置來。

5.立體自動倉庫

6.高層棚架

使用有人或無人堆高機去取物。

㈡整棧板→整棧板+整箱（P→P+C）

1.P→P+C的自動化，由於系統設計複雜，案例很少。

2.自動倉庫的再入庫：若非整個棧板，則揀取所需之箱數後，剩餘的再入

庫。

3. 上述P→P，與下述P→C之組合。

㈢整棧板→整箱（P→C）

1. 自動化。

2. 自動倉庫的入庫。

3. 立體倉庫與利用高架吊車載入人與空棧板去取所需的箱數。

4. 棧板棚架（二至三層棧板）用堆貨用的載人堆高機。

5. 棧板流動棚與輸送帶（若數量多，台車很快裝滿時）。

6. 棧板迴轉棚。

㈣整箱→整箱（C→C）

1. 流動棚（人工揀取），商品不重、體積不大時可使用。

2. 自動流動棚，利用隔檔板以電腦控制掉落數量，批發業並不完全實用。

3. 迴轉棚。

4. 迷你型自動倉庫，保管單位從「棧板」改成「箱」。

5. 中層（指高度中等）棚與揀貨機（Picking Crane）。

6. 移動棚（節省走道空間）。

㈤整箱→整箱＋開箱後之單品

為上述C→C與C→I之組合，C→I，便利商店較多見。

1. 流動棚與輸送帶。

2. 迴轉棚（水平迴轉型、垂直迴轉型），用於體積較輕小的產品。

3. 自動顯示（Automatic Display）與電腦連線、液態晶體顯示板。

4. 迷你型自動倉庫，整箱保管，叫到出庫口，揀取後剩餘者再入庫。

5. 中層棚與揀貨機，若品項多、體積小，可改由抽屜式存放。

6. 棚與手推台車或無人台車。

二、揀貨方式

㈠依商品準備的方法區分

1. 人或機器去取物

揀貨人員或搬運車輛移至貨品料架取貨，進行揀貨作業。

圖7-16 日本物流中心之揀貨實景

2. 貨品傳至人面前

將貨品送至保管儲位或分類滑槽來進行揀貨作業。

㈡依揀貨系統作業的程序區分

1. 單張揀貨（Single Picking）

依每一客戶的訂單逐一進行揀貨。因依客戶別逐一揀貨，故若客戶多，則效率較差。

2. 分區接力（Relay）

將貨品分區存放，再利用輸送帶傳送商品。

3. 分區再結合（Consolidation）

由數個揀貨員各自揀取負責區域的貨品，再將揀取後的貨品彙總。

4. 批次揀取（Batch Picking）

將數個客戶之訂單彙總後，先進行總體揀貨後，再依客戶別進行個別揀貨作業。

173

三、揀貨作業自動化需求

當我們要針對揀貨作業的商品「入庫保管狀態」及「揀取出庫狀態」作庫存系統設計時，須掌握IQ曲線（品項與數量）分析（見圖7-17），進行重點投資、重點改善、重點管理。依照一般狀況，20%品種的自動化和機械化，即可完成80%數量的機械自動化。在表中，我們將商品型態區分成A級、B級、C級來評估自動化的需求。

- A級：少種多量（啤酒、汽水製造業）。
- B級：中種中量（食品、藥品、家電製造業）。
- C級：多種少量（食品、日用品之批發、零售業）。

四、揀貨之作業時間

1. 分辨與尋找物品所在位置的時間。
2. 在料架間來回移動的時間。
3. 揀取及放入的時間。

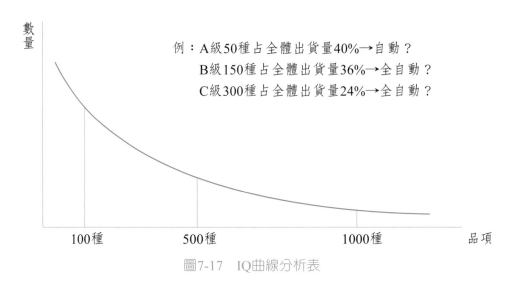

例：A級50種占全體出貨量40%→自動？
B級150種占全體出貨量36%→全自動？
C級300種占全體出貨量24%→全自動？

圖7-17　IQ曲線分析表

8-2 電腦輔助揀貨系統（CAPS）

● 何謂「電腦輔助揀貨系統」？

揀貨時，揀取之訂單編號及該訂單之商品數顯示在貨架上相對應的電子標籤上，揀貨人員只須看數字揀貨，不必對照訂貨單揀貨，可減少作業時間。揀取一張訂單完畢，只須按確認鍵（綠色），綠燈亮後即可繼續下一個訂單的揀取。如遇缺貨時，按缺貨鍵（紅色），紅燈亮時，即會自動通知缺貨，立即補貨。此種藉由電腦之輔助而快速正確的揀貨，稱為「電腦輔助揀貨系統」（Computer Aided Picking System, CAPS）（見圖7-18）。

電腦輔助揀貨系統依使用方式之不同，可分成兩種：

㈠摘取式

以單店舖為主，去儲位上「摘取」所顯示的商品數量。

㈡播種式

以商品為主，去儲位按該店舖所需要的數量「播種」。

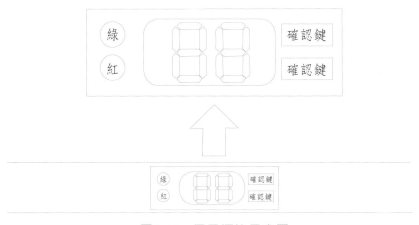

圖7-18 電子標籤示意圖

圖7-19　電子標籤貨架

圖7-20　電子標籤實圖體　　　　　7-21　安麗物流中心之電子標籤揀貨作
　　　　　　　　　　　　　　　　　業實景（1998年12月）

以下僅就「捷盟物流」使用電腦揀貨系統之前後的狀況加以比較：

·未使用CAPS前

錯誤率為2‰，其中拿錯東西占80%，而數量錯誤者占20%。

·使用CAPS後

錯誤率降萬分之二，減少了不必要的成本浪費及作業時間，並且減少了邊
對照訂貨單邊揀取商品的時間。

第九節　物流自動化成功案例——捷盟行銷物流中心

一、導入電子訂貨系統

導入電子訂貨系統（EOS），無須人力接聽電話、抄寫訂貨內容，以及人工再鍵入等作業，接單後24小時左右，送達廣佈半徑約100公里的數百家門市。

二、引進驗收貼紙制度

由訂貨資料產生驗收貼紙，貼紙除載明商品名稱、規格、貨號、供應廠商、包裝個數、箱數、驗收日期等外，還包括商品條碼及商品儲位號碼。

三、實施條碼盤點作業

由盤點人員直接掃讀商品所在之儲位條碼與商品條碼，只須鍵入數量即可，克服每月月底的「盤點恐懼症」。

四、建置電腦輔助揀貨系統

導入CAPS電腦輔助貨系統，以二極發光體指示揀貨位置與撿貨數量，揀貨正確度提高10倍。

五、導入RF無線通訊補貨系統

導入先進的「RF無線通訊補貨系統」，突破傳統依靠人為判斷補貨時機，決定補貨優先順序之困難。

圖7-22　捷盟物流中心之CAPS揀貨作業現場

圖7-23　荷蘭阿姆斯特丹擁有全世界最大之花卉拍賣中心，其自動化拍賣
　　　　系統提供承銷商家方便且公開公平的交易服務

圖7-24 荷蘭阿姆斯特丹花卉拍賣中心的拍賣鐘

§ 討 論 問 題 §

1. 說明物流的意義及物流活動包括那些作業環節？
2. 試述物流管理之挑戰。
3. 以服務對象為區分，說明物流中心之型態。
4. 以圖示並說明物流中心之訂單處理作業程序。
5. 試簡述CAPS揀貨作業之特色及效益。

第 **8** 章

金流自動化

第一節　傳統金流運作模式

　　1-1　企業金流價值鏈

　　1-2　傳統金流作業瓶頸

第二節　網路金流發展歷程

　　2-1　專屬網路時期（1984～1994年）

　　2-2　加值網路時期（1994～1998年）

　　2-3　網際網路時期（1998年迄今）

第三節　網路金流的應用效益與障礙

　　3-1　網路金流的應用效益

　　3-2　網路金流的應用障礙

§討論問題§

任何商業交易活動最後階段，必然涉及「金流」行為。所謂「金流」指的是買賣雙方進行交易時，付款方式及資金的流動方式，傳統的付款方式以現金及票據為主要工具，隨著資訊及網路的發展，「線上金流」成為新一波時髦且多元化發展的新型金流工具。根據英國著名研究機構Ovum的定義，「線上金流」指的是：「將交換物品或服務的貨幣價值（Monetary Value）透過網路來轉換。」

　　線上支付工具已多元化應用於企業與企業間、企業與消費者，企業應用這種以網際網路為基礎的電子工具，希望能提高金流作業之安全性、效率性，並降低相關成本，對消費者方面則冀望透過提供消費者更便利、更有利的付款方式與條件以刺激消費。此外，企業營運過程中，資金週轉率及風險管理是經營成敗的重要因素，尤其近年適逢景氣低迷，企業冀望金流自動化能提供比傳統金流作業更佳的管理工具。簡而言之，企業運用線上金流的最終目的，在於提供企業高效率、高精準財務價值鏈的解決方案。

第一節　傳統金流運作模式

1-1　企業金流價值鏈

　　企業之營運，從銷貨到收款，姑且不談出貨確認、交貨簽收及貨品驗收等後勤作業，單就金流作業方面，就必須經過會計部門立帳、財務部門開票或匯款存入、帳款對沖、退貨折讓、帳款更正、金融機構的支票託收、入庫轉帳及銀行對銷帳等各種流程。此外，由於企業交易需要面對供應商、合作夥伴、通路商、買主、客戶等不同的個體，每一個個體分別有其往來銀行，而為了融資、財務調度之便利，又有各種不同種類的支付工具，使得企業整體金流價值鏈中的環節，以及其所包含的要素、表單等十分繁瑣複雜，令人眼花撩亂。

　　傳統的金流作業模式對供應商而言，依據商場慣例，收到貨款短則30天，長則可拖延達半年之久，資金週轉壓力極大；對中間批發商而言，相對也承受自供應商的資金風險與壓力，影響整體營運佈局；對金融業而言，除了資金融通外，較難直接運用金流拓展業務。

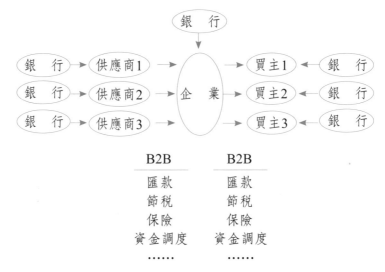

圖8-1　繁瑣的企業金流

圖8-2　傳統企業與銀行間作業冗長

1-2　傳統金流作業瓶頸

從效率的角度來看，傳統金流作業模式主要瓶頸為：

一、帳務處理時間長

傳統帳務的處理，從票據的開立至帳務確立，至少需要5～30天，再加上約需5～7天的其他作業時間，則傳統的帳務處理至少需要10～37天，所費時間甚長，對供應商的營運十分不利。

二、收款付款時效差

傳統人工或半人工之作業方式中，企業收（付）款之金額與款項相關資料通常甚為繁瑣，一旦有所差錯，人工查詢核對極為費時費力，致此項攸關企業營運命脈的金流作業時效低落。

三、供應鏈金流作業效率不佳

傳統作業模式之下，供應商收款費時費力，對帳不易，資金不易掌握與運用，缺乏時效且成本高；中介廠商開票流程繁複又須郵寄，票據不易核對管理；金融業往來帳務管理費力費時，資金運用效率低。

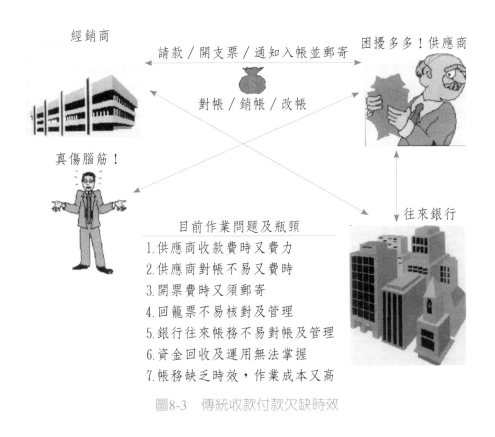

圖8-3　傳統收款付款欠缺時效

第二節　網路金流發展歷程

隨著網路技術的成熟及普及，企業營運在商流、物流及資訊流各方面均不斷嘗試運用資訊新技術來強化效率、降低成本，在企業流程再造工程中，「金

流」自動化理所當然被納入組織、流程再造重點工作之一。金流網路化之發展隨著網路技術的發展,配合金融界的營運競爭方式及消費大眾對金融商品的多樣化需求,在過去二十年呈現階段性的進展。

2-1 專屬網路時期(1984～1994年)

　　這個時期的代表作為ATM(Automated Teller Machine)Banking,以「自動櫃員機」提供「行員」以外之金融服務。然而服務範圍仍超脫不了基本的提款、轉帳、餘額查詢等傳統銀行服務項目,只不過在銀行營運時間外提供客戶「應急」的金融服務。1984年ATM Banking提供自行提款服務,1987年擴大至跨行提款,1991年起更延伸為24小時全天候服務,1992年增加「跨行轉帳服務」以及POS Banking服務(註一),1994年起提供跨國提現及跨國轉帳消費服務,並可以信用卡預借現金。此外,電話銀行(Phone Banking)(註二)也在此時開始發展。請參考表8-1ATM發展歷程。

　　也就是在傳統的金融服務之上添加了些「便利性」,然而每次提款及轉帳金額的限制對企業而言仍是營業上的一大限制。

表8-1　ATM發展歷程

73年	ATM自行提款服務
76年	ATM跨行提款服務
80年	ATM24小時服務
81年	ATM跨行轉帳服務／POS銷售點服務
83年	ATM跨國(CIRRUS/PLUS)提現服務／ATM跨國轉帳消費服務／ATM信用卡預借現金
83年	無人銀行,電話銀行

▼ (註一)銷售點轉帳(POS Banking):配合銀行電子資金移轉之作業,由持有IC金融卡之客戶於特約商店消費時,將IC金融卡插入銷售點轉帳終端設備,輸入密碼,即可在「圈存」之額度內扣帳。

▼ (註二)電話銀行(Phone Banking):指客戶可以藉由家庭或公共的按鍵式電話,輸入必要資訊完成身分確認後,進行個人帳戶餘額查詢、轉帳、付款等傳統銀行服務項目。

2-2 加值網路時期（1994～1998年）

　　1994年起，整體產業藉由資訊、網路技術之應用，大幅改造了產業經營環境，網路金融的發展亦呈現跳躍式的成長。為了強化企業間交易所涉及的跨行支付效率，1994年至1998年「加值網路」之應用，將EDI技術應用在金流相關訊息之交換上，使得企業得以在公司電腦進行貸款支付、轉帳等作業，取代了傳統跑銀行的繁瑣作業，企業可以即時掌握交易相關的訊息資料。時至今日，金融EDI仍在多家金融機構與企業金流作業中扮演重要角色。在2000年7月前，國內運用金融EDI提供跨行服務的銀行已有30家，配合的企業則有2,000家。PC Banking的金流作業大部分在專屬網路上進行，企業必須加裝相關軟體才能與交易銀行連線，這個時期金流自動化的核心技術首推「電子資金移轉」（Electronic Fund Transfer, EFT）。EFT可簡單定義為：「運用電腦及網路設備，在取得金融機構授權與認定後，進行交易雙方資金的自動轉移行為」，亦即「使用電子資料交換作業，進行資金轉移及調撥」。EFT的技術除了應用在企業與企業，以及企業與銀行間的資金轉移外，在企業與消費者間也因電子轉帳技術的運用而不斷發展出各種電子支付工具，茲分述於後。

●企業與銀行之電子轉帳系統

　　傳統上，企業與企業間之支付，一般以現金支票或電匯方式進行。以支票為例，收到支票一方先將支票存入銀行，若雙方之交易銀行為不同銀行系統，則須經票據交換中心處理後，才能將支票款項自付款銀行轉入對方之收款銀行戶頭。這些票據的傳輸與處理均耗費大量的人力和時間，使得支票處理的成本居高不下。如果收付款雙方分處不同國家，將增加更多的複雜度，處理成本更高。

　　EDI技術可運用在傳統支付作業之改善上，此企業與企業間及企業與銀行間的EDI系統，即所謂金融EDI（Financial EDI, FEDI）。

　　所謂金融EDI是指付款及收款廠商，以及在其各自的往來銀行之間，傳送處理有關付款或匯款的文件資訊。這一類文件資訊的作業量既大，同時也不容許出錯。圖8-4說明金融EDI的系統架構。

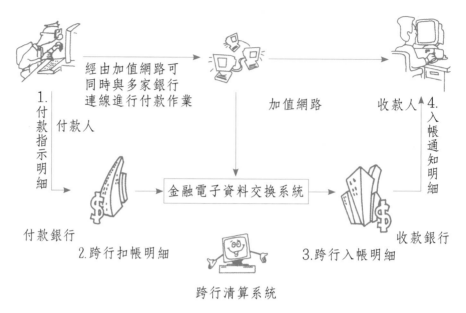

經由加值網路可
同時與多家銀行
連線進行付款作業

加值網路

1.付款指示明細

付款人

收款人

4.入帳通知明細

金融電子資料交換系統

付款銀行

2.跨行扣帳明細

收款銀行

3.跨行入帳明細

跨行清算系統

圖8-4 金融電子資料交換付款作業流程

　　金融**EDI**讓企業以自動付款指示，取代傳統透過銀行體系開立票據、郵寄與蒐集等耗時費力的工作，也因此消除了因處理票據所可能產生的延誤。金融**EDI**同時改善了付款流程的確定性，當付款公司的銀行帳戶在預定付款日轉帳後，受款人的銀行帳戶就會收到這筆款項。

　　如此，透過企業─企業及企業─銀行間的金融**EDI**系統，再配合銀行與銀行間的電子資金移轉技術，架構出「電子銀行」的金流自動化模式（見圖8-5）。

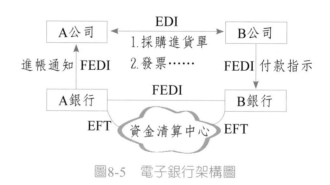

圖8-5 電子銀行架構圖

2-3　網際網路時期（1998年迄今）

一、網路銀行之發展

網際網路（Internet）技術成熟且普遍化後，網路金融之發展如虎添翼，自2000年財政部陸續開放富邦銀行、華南銀行及中國信託等網路銀行（註三）業務後，銀行提供客戶的服務開始大幅跳脫傳統銀行的框架，透過「跨行金融資訊系統」，提供跨行轉帳及網路銀行共同平台，使各銀行系統皆可方便的進行資金移轉，而無論是企業或個人消費者皆可方便的透過Internet進行網路轉帳、繳費及網路購物等活動。近年隨著通訊設備的普及，手機、PDA等提供了電腦以外的上網設備，使網路金融在多元化及便利性等方面之發展更趨淋漓盡致。Mobile Banking、PDA Banking等將引領金流進入行動商務新紀元。

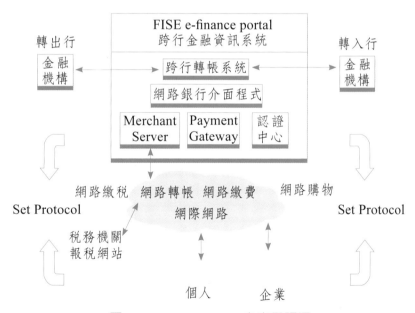

圖8-6　Internet Baning之應用現況

資料來源：財金公司。

▼ （註三）網路銀行：客戶藉由個人電腦，透過網際網路連結至銀行網站，以獲取各項金融服務。

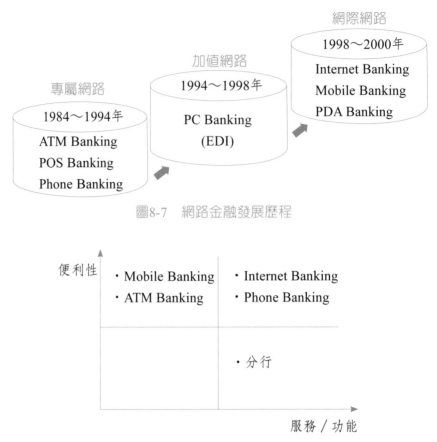

圖8-7 網路金融發展歷程

圖8-8 電子銀行之服務特質

二、線上支付工具多元化

　　線上金流的種類，可以根據不同角度而有不同類型之區分。以下分別從使用對象、金流額度、貨幣形式、終端介面等加以分類。

㈠以使用對象區分

1. B2C

　　由付款解決方案提供者（Payment Service Provider, PSP）針對廣大消費群提供此服務，範圍涵蓋預付電子貨幣、信用卡轉帳、電子帳單、小額付款、電子發票、電子支票、數位代幣等，讓使用者從其網站上購買或下載這些線上金流應用。

2. B2B2C

由付款解決方案提供者供應企業或網站執行此服務，PSP更可以針對企業或網站之獨特需求，將功能加以增減，並符合其流程，提供客制化服務。其範圍涵蓋預付電子貨幣、信用卡轉帳、電子帳單、小額付款、電子發票、電子支票、數位代幣等，讓使用者從其網站上購買或下載這些線上金流應用。

3. B2B

與企業供應鏈結合之金流方式，由PSP提供給企業或店家執行其與事業合作夥伴（如供應商、通路、客戶等）之線上金流。在此流程中，買方銀行與賣方銀行皆扮演重要角色。

(二)以金流額度區分

1.中大額付款

凡美金10元以上之款項皆屬於中大額度，此額度之線上金流付款方式多以信用卡支付。

2.小額付款

凡美金10元以下之額度之線上金流，通常發生在消費者使用資訊服務或是購買數位商品，如MP3、圖形或鈴聲下載等。

(三)以貨幣形式區分

1.電子現金（eCash）

在線上付款環境中，數位現金為最主要取代紙鈔、硬幣的付款方式，其具有金錢價值、互通性、可取得性與安全性，使用者可以直接現金或是購買代幣的方式消費。

2.電子支票

提供給不想使用現金，卻寧可採用信用方式的個人或公司使用。主要利用電子簽名背書，並使用數位證明來驗證付款者、付款銀行與銀行帳戶。而電子支票會產生浮動（Floating），並與EDI應用的應收帳款結合。

3.電子信用卡

為目前電子商務網站上相當普遍的付款方式，但基於安全考量，大部分以離線（Off-Line）處理付款流程。

4.電子信用狀

企業與企業之間往來相當頻繁之付款方式，目前漸漸邁向電子化，減少書面單據的印製。

㈣以終端介面區分

1.網際網路付款

連上網際網路，使用網站提供的付款方式。

2.無線付款

利用手機、PDA等行動配備，以無線連結方式付款，目前多為小額度的形式。

3.智慧型晶片卡（Smart Card）付款

智慧型晶片卡為使用者隨身攜帶之塑膠卡，內嵌入智慧型晶片，儲存各種交易資料，可與網際網路付款或無線付款結合，包括預付形式（如八達通、悠遊卡），或是後付形式（包括晶片信用卡、晶片預借現金卡）。

圖8-9　捷運站內的自動提款機提供通勤族的提款服務，已經
　　　　受到都會族群相當程度的認同與依賴

圖8-10　捷運提供通勤學生很大的便利性，自動售票機及悠遊卡加值機也算是
　　　　金流自動化發展下所產生的現代化服務設備

圖8-11　捷運悠遊卡的功能已經不僅限於搭乘捷運，搭乘公車、停車等都會族群相當
　　　　倚賴的交通服務均可一卡通行，金流自動化的應用迅速朝多元化發展

第三節　網路金流的應用效益與障礙

3-1　網路金流的應用效益

　　網路金流之應用逐漸普遍，究竟它僅是潮流趨勢，或者真正能帶給企業及
個人效益，以下從企業及消費者角度分述之。

一、對消費者而言

網路金流最大的特色即是「高度便利（Highly Convenient）的付款機制」，消費者無須等候收到帳單，再選擇匯款方式付款，只要在網頁上執行點選、簡單輸入帳號與密碼，便能輕鬆完成付款流程。如果線上金流能與個人財務管理軟體結合，將可進一步協助個人理財。

二、對提供消費者服務的企業、店家或網站而言

通常提供消費、購物，重視客戶服務的網站，其最大負擔在於大量印製帳單或發票，而應用線上金流最直接的好處就是能夠節省書面帳單、發票的印製成本與郵寄費，同時也鼓勵消費者善用網際網路機制，並提供一個與客戶更貼近的互動管道，增加網站的流量與銷售機會。

三、對企業與企業間交易而言

當企業每日需要應付多樣的採購、付費、收款等動作時，其與供應商、購買者的互動過程必然會開立許多單據，而與往來銀行之間，同樣也會產出許多信用或融資文件，如果每一份表單都需要以書面形式呈現，不僅增加人工處理的成本，也會使錯誤率大增。線上金流可使制式化的表單在網頁上統一處理，而不必以人工書寫，避免出錯的機率。能夠設定自動化流程，將這些表單與文件傳遞至賦予審核權利的人員手上，大幅減少人員攜帶傳遞文件的時間，若遇有爭議問題，更可以利用網路機制予以溝通協調。

此外，線上金流還能與企業內部既有的ERP系統整合，便於財會管理，省掉重複輸入的人工成本。

3-2 網路金流的應用障礙

國際大型企業e化盛行，國內企業在面臨資訊、通訊科技的衝擊之後，前仆後繼的規劃導入商流、資訊流及物流相關作業系統，以加快採購流程、增加生產效能、提高銷售預測的正確、降低庫存、提升運籌物流的效率。然而，儘管不少研究單位看好線上金流的市場發展，而付款解決方案供應商也努力於發展方便而有用的解決方案，同時企業本身亦認為線上金流若能達成理想目標，將會為企業帶來競爭力。但實際上，大部分企業至今仍以傳統的方式處理金流

問題。《財星雜誌》的研究指出，從1960年到2000年止，企業在採購與物流方面的進展，已由20天左右的作業時間縮至1～2天，但在金流部分仍維持在45～60天左右，說明金流的效率依然停留在原地。

研究機構Ovum曾於2000年進行調查，預測線上金流的市場規模將於2005年達到2兆2,000美元，而各地所占比例分別為美國64%、西歐地區20%、亞太地區16%。

美國研究顧問機構Tower Group亦曾經對線上金流採取樂觀的看法，但在2001年底則發現，2000年於美國地區產生的154億張帳單之中，僅有1%是完全在網路上完成從遞送至付款整個帳務流程。

另外，研究機構Gartner於2000年底之調查也顯示，該研究之受訪者中只有17%習慣檢視電子帳單，同時雖然26%的企業會進行B2B的電子商務行為，但只有9%的企業會真正傳遞帳單給其事業夥伴。

推究網路金流尚未普及之因如下：

一、網路金流之便利性不如預期

由於線上金流的系統與安全並未有統一標準，加上不同解決方案提供者各執一方優勢，相容率低，讓使用者無法整合各種帳號，在同一地方收取並支付所有不同帳單，造成相當大的不便。

二、網路付款工具種類有限

理論上，線上金流應可提供各式各樣的付款工具，但現今真正可以用來付款之機制仍有限。

三、建置成本高

由於解決方案提供者的產品價格不低，成為企業考量是否採用線上金流系統的障礙，如果系統的導入還需要顧問公司或系統整合公司之指導，整個線上金流的投資成本將更為驚人，這也使得企業因之卻步。

四、對委外服務缺乏信賴

雖然有些付款解決方案提供者以ASP的形式出現，讓企業可以在免購買系統的情況下，依然可以使用線上金流功能。但由於多半企業視金流為最高機密，加上缺乏對委外服務的信賴，採用情形不佳。

五、使用習慣不易改變

從Gartner的估計中發現，雖然有不少公司提供網路付款的機制，但依舊繼續將書面訂單列印出來，郵寄到客戶手中，而不是直接呈現在網站上。追根究底，主要還是使用者習慣看到書面形式的帳單或財務文件。

六、交易安全是最大絆腳石

線上金流原意是希望藉由網際網路與資訊科技之力，提高金流效率，但是，由於現階段未能完全保障企業利用線上金流的完整與私密性，致使企業裹足不前，也顯示出此一方面仍有相當大的發展空間。其中，主要的風險來自於：

㈠安全風險

從企業角度觀之，當敏感性高的財務訊息在網路傳遞的過程中被第三者竊取、變更，或是遭受破壞、塗改、洩漏、濫用……，等於是動搖了營運的根本。而從消費者的角度來看，信用卡資料與個人財務狀況都是個人最私密的資訊，如果因為網站防範不夠嚴密而外漏，對個人而言無疑是最嚴重的損失。由此可見，交易安全堪屬當前線上金流發展的最大絆腳石。

安全的線上金流必須擁有隱私性、機密性與完整性。隱私性所指的是交易資料不能受到任何侵犯，也就是個人之帳號、密碼絕對禁止受到窺探，且使用者姓名若非得到本人之允許，則不能公開；機密性是指交易不能由公共網路追蹤，每一則訊息在遞送的過程中都是保密的，而不與外界公共資訊接觸，直到其成功達到目的；完整性的意義是表示整個交易不能受到破壞或干擾，也就是整個訊息交易過程都不能被任意加入、刪除或修改。

為了達成線上金流安全的目標，目前有許多網路安全防護措施出現，如防火牆、資訊保密技術（私有或公開金鑰加密、數位簽章、數位憑證等）；同時，整個交易安全亦朝向標準化前進——由VISA與Master Card兩大發卡組織發起的安全電子交易標準（Secure Electronic Transaction, SET）即是一例，讓消費者在網路上付款時可以透過安全的機制而更為安心。

㈡詐欺風險

詐欺風險是線上金流安全問題的延伸，再加上有心人士非法行為的結果。例如，網路騙子侵入廠商的資料庫伺服器竊取會員、客戶之身分資料後，便可

以開始行詐騙之實；也有些不法者會建置假的購物網站，放置產品目錄，甚至招募會員，於是不知情的消費者很有可能留下個人機密資料，歹徒便會利用這些資料，進行盜刷信用卡等非法行為。

防範網路詐欺除了提供產品與服務的網站需要重視安全議題，從硬體設備、加密技術等著手之外，另外更須申請數位憑證，以宣告安全交易的保證，增加使用者的信心。而根據美國「國家消費者聯盟」（National Consumer League, NCL）的建議，買方在付款之前，應該先儘量查詢賣方的交易紀錄以及信用報告。更重要的是，法令上的保護不可少，各國現今也都將網路當成是抓緝詐欺罪犯的重點場域，同時也著手制訂法律，致力於打擊各種網路詐欺的犯罪行為。

(三)交易風險

理論上，採用線上金流應可快速完成交易流程，節省交易成本，還能夠降低付款週期，強化資金運用，並且加強客戶對於公司的向心力。但是線上金流完全依附在資訊科技的基礎架構上，而資訊科技有其難以防禦的缺失，例如突然當機、傳輸線路的不穩定、傳輸品質差、傳遞延誤等，使得可以在幾秒鐘之內完成的交易，反而遠落後於傳統交易方式，如此一來，便會失去了線上金流的意義，同時採用線上金流的企業更需要多承擔交易風險，如果因此而遺失重要資料，更是得不償失。

為了確保交易的速度與品質的穩定，企業可能要在硬體與頻寬上投下鉅資，並且採用穩定而有經驗的軟體服務。而資訊科技合作夥伴的售後維修也顯得重要，才能在第一時間解決交易的問題，不至於延宕付款流程。另外，資料的儲存（Storage）與備援（Backup）也須重視，避免遺漏資料。有些企業考量到若要建置既安全又高效率的交易環境花費太大，因此選擇委外方式進行。如果企業採行此一方式執行線上金流，就必須慎選委外廠商，維持與其之間良好關係，建立彼此的信賴等，才能確保交易安全。

§ 討論問題 §

1. 試述傳統金流作業之瓶頸。
2. 網路金流之應用有何障礙？

第 **9** 章

供應鏈管理

第一節　通路之變革

第二節　供應鏈管理策略

    2-1　商業快速回應（Quick Response, QR）

    2-2　有效顧客回應（Efficient Consumer Response, ECR）

    2-3　自動補貨

§討論問題§

傳統的行銷理論以4P（Price—價格、Product—產品、Place—通路、Promotion—促銷）為架構，製造商、批發商至零售商皆據此架構，擬訂行銷策略，然礙於供銷定位的不同，對立的關係經常存在於供應端及銷售端。近年來，隨著國內外競爭的衝擊，流通業發生種種變革，對外有外資企業及跨國企業的挑戰，對內則要面對新興業態的推陳出新，以及大型量販店之價格競爭。零售體系單純的行銷手法已經窮於應付激烈的競爭，整合、聯盟的策略被視為另線生機。零售端與製造、供應端開始思索著如何跳脫傳統對立的關係，轉向合作與互利的關係發展，從「供應鏈管理」的角度去開拓互利多贏的局面，透過供應鏈的整合，為交易夥伴創造更大的利潤空間，建立永續經營的利基。

第一節　通路之變革

　　傳統通路將其績效之提升著眼在企業內部作業系統的改善，然而當市場需求由大量生產轉為多樣少量時，績效的改善已經超越內部系統可掌控範圍。「多樣化選擇」造成消費行為之善變，因為不易掌握市場需求，從製造、批發供應到零售商各供銷點皆被迫以增加庫存來應付不可預知之需求。

　　然而，庫存的成本是十分沉重的。此即Richard J. Sherman曾提出「傳統通路不致力於市場不確定性之因應，反以增加庫存來應付不確定的需求」。因此，現代化零售商為求競爭，一方面投資在「存貨週轉最大化」，以降低成本，另方面致力於「將需求快速回應到供應端」，以縮短供需之差距，這些演變改變了傳統交易夥伴對通路的看法及態度。傳統對立之關係，必須轉向合作、依賴。供應鏈由各自獨立的單元演化為連續性系列活動，因此Richard J. Sherman提出管路（Pipeline）理論加以說明，如圖9-1所示。

　　管路的觀念強調供應鏈屬連續性運作系統，通路中任何一個單元有了阻塞，則其衍生的成本將連動到管路每個環節，最終則轉嫁予消費者。因此，供應鏈管理的主要課題可歸納為兩方面：

　　1.效率（Efficiency）

　　促進供應鏈上、中、下游間的流暢，降低供應鏈運作成本，提高整體效率。

　　2.效果（Effectiveness）

　　掌握消費者需求，提供適當且適量之商品，達到「精準」的流通。不精準的流通造成的存貨及新品上市失敗等，均為供應鏈加添成本負擔。

圖9-1(a)　供應鏈概念㈠管理理論

資料來源：Richard J. Sherman, ECR VISION TO REALITY: Council of Logistic Manag
ement Annual Conference Proceedings; CINCINNATI, OHIO, OCT, 1994,
pp.137-156.

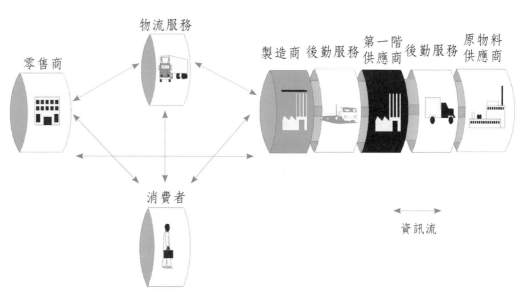

圖9-1(b)　供應鏈概念㈡

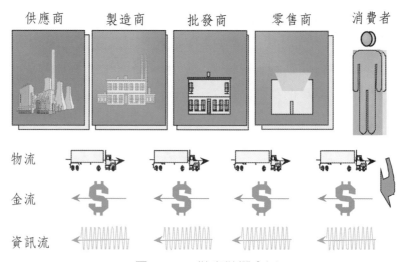

圖9-1(c)　供應鏈概念㈢

供應鏈管理

定義：企業與其上游供應商與下游通路商間進行物流、資訊流及金流之協同（Coordination）與整合（Integration），以消弭產銷失調，提升企業與供應鏈夥伴在市場上之競爭力。

第二節　供應鏈管理策略

「供應鏈」意指商品從製造、批發、零售至消費者手上的過程中所包含的廠商與所涉及與商品相關的活動，而「供應鏈管理」的目的即在以最有效率的方式提供消費者與客戶適時、適地、適量的適當商品。供應鏈的觀念近幾年來逐漸為各國零售業者及製造商所正視，根據KSA統計資料顯示，美國零售市場在1970～1980年代以製造商品牌為主導，1985～1995年代則轉變為零售市場主導，其中供應鏈管理之QR及ECR兩項策略工具於此期間發展。自1995年以後則零售市場進入消費者導向，消費者掌握大量消費訊息，其選擇能力不斷提升，供應鏈管理要求隨之增加，於是自1995年以後強調供應鏈整合觀念，且更積極的應用導入QR/ECR等實戰系統。

根據專業顧問公司Coopers & Lybrand庫寶企管顧問公司對供應鏈的分析，提高供應鏈績效涉及需求管理、供給管理以及技術應用等三大課題、十四項改善標的，而其QR/ECR最終目標是貫通整體性供應連鎖鏈，把貨品更快捷地、更佳的及以最低的成本送到消費者手上。

圖9-2揭示的課題中，目前在美國等先進國家已有具體推行且見成效的有自動補貨、品類管理等技術。當然，這些系統的運用建立在相關技術基礎之上，包括商品條碼、資料庫管理、ABC分析及EDI等。

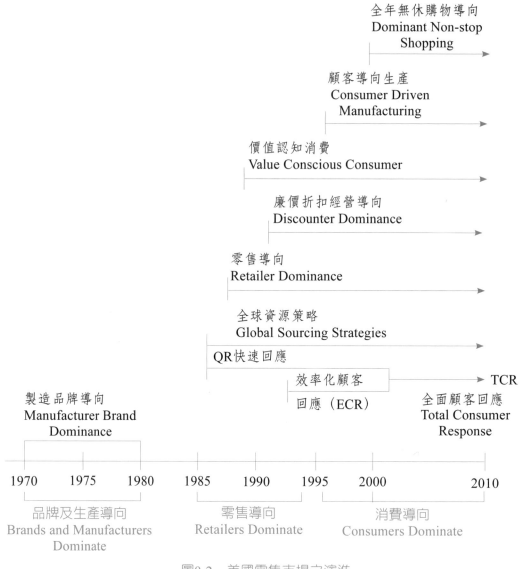

圖9-2　美國零售市場之演進

資料來源：KSA。

2-1　商業快速回應（Quick Response, QR）

一、定義

　　產銷失衡的現象普遍存在於流通業。零售商賣出一項商品之後，要經過很久，它上游的批發商、製造廠乃至原料製造廠才能對這個銷售作出反應，整個

由生產到銷售過程中，在判斷上因為資訊不足充滿了臆測，因為過程冗長，在上、中、下游每個環節上都必須增加庫存量以為因應，造成庫存成本增加、新商品企劃困難。這種狀況以「恐龍現象」來形容頗為貼切。

「快速回應」，或稱「效率化顧客回應」（Quick Response/Efficient Consumer Response, QR/ECR），是解決恐龍現象的良方，也是繼個別企業合理化、自動化、效率化後，下一步企業整合，進而產業整合的重要階段。

商業快速回應在歐、美、日與其他亞洲各國使用不同的名詞，但主要的意義皆是將買方與供應商連結在一起，以達到再生產與銷售間商品與資訊的快速與效率化移動，以快速反應消費者需求。1986年開始於美國，由美國主要的平價連鎖體系（如Wal-Mart, K-Mart）及成衣製造商為主力開始推動。起因於美國的成衣製造週期過長（平均的生產週期約125天），造成存貨成本過高、缺貨率過高的情況，面對亞洲各國的強烈競爭，使得零售商與製造商開始合作，研究如何從製造、配銷、零售至消費者的過程中縮短其中的週期，以達到降低存貨成本，增加週轉率與降低零售店的缺貨率。

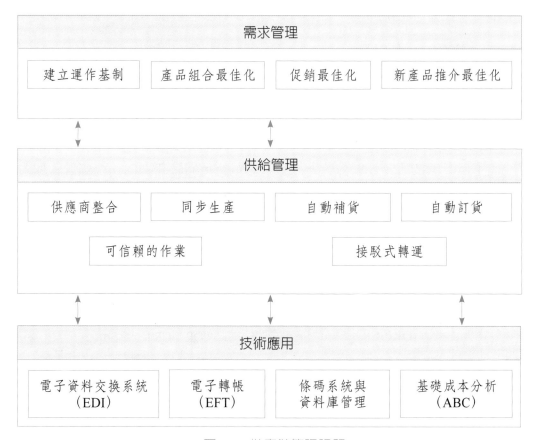

圖9-3　供應鏈管理課題

資料來源：Coopers & Lybrand庫寶企管顧問公司，「QR/ECR」藍圖，Conferenc1998, 6。

二、QR之發展

QR於1986年發展於美國，由美國主要的平價連鎖體系（如Wal-mart, K-mart）及成衣製造商為主力開始推動。當時成衣製造業遭受了外國成衣低價銷售到美國的打擊，乃開始利用QR尋求增加競爭力。1986年後期，因經濟不景氣，百貨公司和連鎖專門店亦加入推動的行列，為了增加營業績效，零售商導入QR的愈來愈多，他們推動QR的兩個主因是降低存貨成本、增加週轉率以及降低零售店的缺貨率。

國內QR的發展為近年的事，尤其在近十年產業結構持續調整及自由化、國際化的競爭下，國內產業亟思如何在生產者到消費者間建構一道較有效率的產銷流程，以更低的成本，提供顧客更高的服務品質，使企業在面臨多面及強勢的內外競爭時，得以長保契機，永續經營。

不論是製造業或商業，都紛紛展現推展QR的新氣象，而商業QR則建築在已有的資訊化、自動化基礎，如EOS、EDI、物流自動化及商業加值網路（VAN）等技術與系統的基礎之上，更進一步發展整合上、下游的QR系統。

三、實施QR之目標

實施QR主要目標可歸納下述三點：

1. 縮短整體供給鏈之回應時間（Response Time, Lead Time）。
2. 消除供給鏈中無附加價值之作業（Non Value Added Activities）。
3. 不但考慮技術（自動化／資訊化）的革新，同時兼顧內、外經營管理的變革。

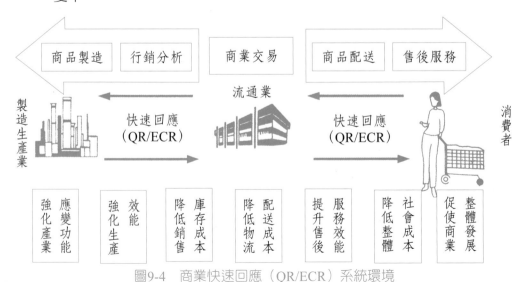

圖9-4　商業快速回應（QR/ECR）系統環境

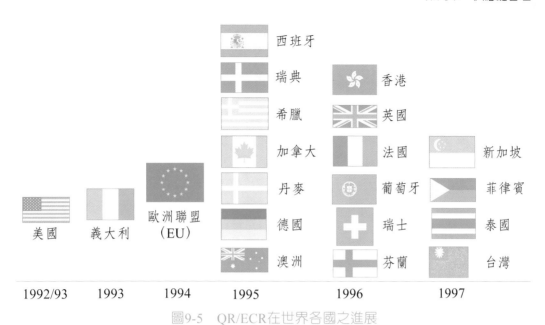

圖9-5　QR/ECR在世界各國之進展

資料來源：Price Water House Coopers顧問公司，「品類管理種子人才培訓課程」，
　　　　　1999年1月。

四、QR之內涵

QR雖然是近年來產業間新興的課題，然而並不意味QR是一全新的技術。事實上，QR是已有技術的整合應用，這些技術包括：

1. Bar Code

以條碼掃描為主的自動蒐集資料技術，包括物流配送運用的條碼。

2. POS系統（銷售點管理系統）

蒐集零售端的消費情報，提供予零售商、批發商及供應商作為進貨、生產之參考。

3. EDI

應用於上、下游廠商之間的訂貨、對帳、轉帳等。

4. 供應商自動補貨（Auto Repleshiment）

供應商直接管理零售商賣場上的商品，不再由零售商訂貨，直接由供應商依據零售商的POS系統之銷售庫存資料，送貨到賣場的貨架上。

5.企業流程再造（Business Process Reengineering）

6.銷售資訊分析利用

7.商情資料庫共享

8.物流配送管理

9.賣場空間管理

10.銷售預測

隨著科技的進步，QR系統逐漸加入更多新的功能。表9-1列出QR的關聯技術及QR之應用。

表9-1　QR之技術與應用

技　術	應　用
・自動補貨系統 ・資料蒐集 ・自動庫存管理 ・條碼識別 ・資料庫管理	・銷售資訊分析利用（POS） ・商情資料庫共享 ・決策支援 ・物流配送管理 ・供應商自動補貨 ・電腦補助訂貨 ・供應商管理庫存 ・電子轉帳 ・賣場空間管理 ・銷售預測 ・企業再造工程

五、QR的作業流程

每家企業因經營性質之不同，其導入QR的歷程也不盡相同。然而大部分的企業導入QR系統所遵循之作業流程仍有其共通性架構，如圖9-6所示，茲簡述於後。

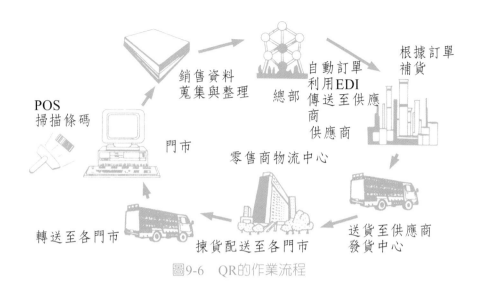

POS
掃描條碼

銷售資料
蒐集與整理

總部

自動訂單
利用EDI
傳送至供應
商

供應商

根據訂單
補貨

門市

零售商物流中心

轉送至各門市

揀貨配送至各門市

送貨至供應商
發貨中心

圖9-6　QR的作業流程

㈠門市蒐集商品銷售資料

零售門市運用POS收銀機結帳時，同時將商品銷售資料經由條碼掃描進入POS系統，此資料傳至後台，運用POS軟體進行銷售資料的分析。分析完成的資料，經由網路傳送至連鎖店總部。

㈡總部向供應商訂貨

總部彙整各零售點傳送來之訂貨資料後，透過網路向供應商訂貨。

㈢供應商發貨、配送作業

供應商根據總部之訂單資料進行補貨作業，供應的貨品先送至供應商的發貨中心後，再由供應商發貨中心將貨品送至零售商物流中心。

㈣零售商配送作業

零售商物流中心根據各門市的訂單資料，進行揀貨並配送予各門市。

因為銷售資料係透過電子方式傳遞給上游供應商，供應商的貨品物流配合資訊流傳至零售點，整系列流程在正常運作下可以迅速、正確的完成。如此，需求端的消費訊息即可快速蒐集、傳送予供應端，而供應端可快速回應，這便是整合性供應鏈體系中的快速回應（QR）精神所在。

六、QR的效益

1.降低缺貨率。

2.降低庫存成本、提高商品迴轉率。

3.較佳的顧客服務。

4.改善作業效率，降低人工成本。

5.增加營業額與獲利。

6.改善交易夥伴關係。

七、QR成功之因素

QR系統的導入是供應商及零售商商業活動的連結與整合，需要雙方共同的配合。

(一)策略性的商業關係

雙方必須將對方視為共存共榮的夥伴，建立穩固、互信、友誼的關係，不計較短期小利，著眼於長期互惠與較大效益。

(二)商品條碼化

從原料、製造、物流配送到零售端的條碼化，是快速回應的基礎。

(三)EDI

實施EDI的雙方對「策略性的交易關係」已有穩固的經驗及基礎，因此交易夥伴間若實施了EDI，再實施快速回應將事半功倍。

(四)流程再造（Reengineering）

雙方必須檢討並去除沒有為消費者增加價值的作業流程，重新再造流程。

(五)有意願共同追求效率化的銷售

提供符合消費者需求的商品，包括效率化的商品組合、效率化補貨、促銷、商品介紹等。

八、QR應用實例

(一)國外案例

・案例一：Fred Meyer與P&G

Fred Meyer是美國一家零售商，有123個複合商場，每個商場13,000平方呎，總營業額30億美元。Fred Meyer與寶僑（P&G）的30種洗衣清潔劑進行QR的先導性合作，執行自動補貨等工作。獲致效益如下：

1. 貨品項目從8,000項減少至5,700項。
2. 貨品迴轉率由每年迴轉16次增加為35次。
3. 700項商品增加銷售額。
4. 商品服務水準（商品不缺貨的比例）從46%增加為94.7%。

・案例二：紡織／成衣

紡織／成衣上、中、下游業者合作推行QR。推行QR之前，因缺貨、存貨及減價促銷造成的成本損失，預估高達零售銷售收入的25%；存貨方面，傳統的存貨量高達66週，預估QR導入早期可降至46週，長期推行則可降至21週。

・案例三：Benetton

Benetton公司為國際化流行成衣零售商，透過條碼化、DEI、自動配銷中心及電腦整合製造（CIM）等系統與製造商及零售商整合。

・案例四：Haggar Apparel Company

Haggar Apparel Company導入H.O.T.（Haggar Order Transmission）計畫，使訂單作業時間自2週降為一天，零售商業績增加27%。

・案例五：Dillard's Department Stores

Dillard's Department Stores公司利用條碼化及EDI系統降低缺貨率，減價促銷降至最低，存貨週轉率由4.1次提高至8.9次，銷售額提高42%。

(二)國內案例

‧案例：德記洋行與三商行之QR系統

德記洋行自1993年8月開始代理原版迪士尼家用錄影帶，創下單一品項40萬支以上的銷售成績。但隨著家用錄影帶市場競爭的白熱化，加上迪士尼錄影帶之產品生命週期短，無法即時掌握市場需求，往往造成零售點的缺貨，或是上游製造商的過度生產、積壓存貨。為解決上述問題，德記於1997年3月開始規劃導入「快速回應」系統，希望創造供應商、批發商、零售商及消費者四贏的局面。

(1)導入狀況

在決定導入QR後，德記很快建立企業內部的共識。規劃初始，德記選定若干合作對象，一一拜訪及說明計畫，並邀約開會共商合作大計。但參與的企業並不熱衷，經過幾次會議後，深感多數廠商為其本身業務考量，並不積極參與合作的心態，因此工作小組馬上調整方向，將上、中、下游的組合鎖定為博偉、德記和三商。在確認了合作夥伴之後，開始進行QR的導入步驟，並訂出以下的執行策略，希望為未來QR的推廣打下基礎。

執行策略如下：

‧拜訪下游廠商，溝通觀念，建立共識。
‧訓練業務人員，以新觀念、新做法，服務客戶。
‧解決現有問題，好好經營客戶。
‧建立客戶信心後，再導入QR。

由於與三商已有良好的合作默契，在經過確認問題、訂定目標、系統設計、系統導入等階段，即試行導入QR系統。目前所有迪士尼錄影帶之銷售作業均已納入QR系統，運作良好。

(2)德記↔三商行之QR系統

德記娛樂事業部和三商行利用商業快速回應系統是自新產品上市前就開始，從上游的博偉供應商和中游的德記研訂出新品資訊，再以VAN加值網路傳送給三商總公司，依此建立新品基本資料，並通告各門市新品價格，俾利上市準備。

新品基本資料建立後，於第一次訂貨前，先由德記提供三商同性質參考片

在各店頭銷售，再根據參考片在各店銷售記錄訂出第一次訂貨建議書。三商總公司依據第一次訂貨建議書修改並確認訂購單，藉由傳送訂購資料回德記。德記收到資料後，直接轉入訂單系統。

接著是送貨作業，CDS（德記物流部）依訂單揀貨、排貨、配送至三商各門市，各門市收貨及驗收後，進行銷售作業。每天彙總銷售及撥貨資料，回傳三商總店作每日資料更新。三商總公司每週至少兩次將銷售及庫存資料傳給德記，以供德記合併其他各零售點資料，製作分析報表。德記再依分析報表，向三商總公司作出補貨建議，再由三商總公司修正與確認回傳德記作補貨處理並送貨，如此快速反應市場並滿足需求。此外，德記業務也依此分析報表協助各門市作品類管理及改善貨品陳列和展示。

(3)導入QR效益

以新品上市通知為例，以網路傳送新品資訊不僅節省三商資料輸入的時間及避免輸入錯誤外，更快速提供新品資訊，便利商家上市準備，並配合業務書面解釋，強化上市活動。

第一次訂貨，雖然市場需求很難預估，但不須為了以防萬一先準備多量，只要採取適當預估市場需求量，經快速回應系統機制，快速反應市場需求，再依實際市場需求製造供貨，不再有大量庫存、大量退貨的情形發生。更進一層藉由系統中歷史資料，分析出各店店格和單項產品類別的組合產值，訂出各單項產品對各店的最佳建議量，避免各店分配不適量，造成銷售情況好的產品嚴重缺貨及銷售狀況不佳的產品大量庫存的情形。

在補貨時，以往都是以人工清查銷售量、庫存量，極容易出錯。實施快速回應後，就能有效掌握市場動態，達到快速回應調整產能及有效補貨的效果；亦可針對銷售不佳的部分，集中火力，做有效率的促銷活動。

簡單的說，實施快速反應系統，將博偉、德記、三商整個供應鏈緊密的結合為一體，充分發揮虛擬企業的好處，整體效益如下：

- ・上游不須為無法掌握市場而增加產量，故庫存降低（降低10%庫存）。
- ・因「快速反應」可快速補貨，缺貨降低，銷貨提高。
- ・依市場需求製造，退貨減少。
- ・適時、適地促銷，提高銷貨量。
- ・因銷售／庫存資訊蒐集轉為電腦化，業務有充足的時間做品類管理、陳列規劃及各店頭的安全庫存管理。
- ・透過電腦檔案傳送新品資訊、訂單等資料，減少人工輸入，錯誤率降低。

圖9-7　德記↔三商行之QR系統架構圖

表9-2　德記↔三商QR作業示意圖

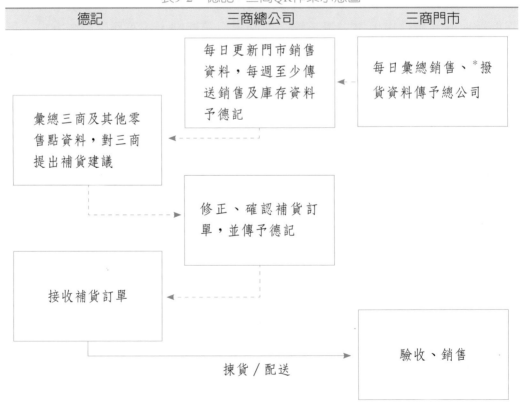

*撥貨：各門市依銷售狀況調貨。

表9-3　德記洋行商業快速回應系統

使用前的問題	使用後預期效益
1.大量塞貨	1.掌握市場脈動
2.無法預測真正市場需求	2.降低庫存量
3.缺貨情形嚴重	3.增加產品迴轉率
4.退貨量大	4.提供更多服務——貨架管理陳列
	5.建立交易夥伴良好關係
	6.退貨量降低

　　整體而言，推行QR系統同時對製造商及零售商帶來關鍵性衝擊。訂單作業改善縮短前置時間，減少存貨；若再配合快速反應需求，可降低安全存貨；快速反應銷售趨勢，可減少削價促銷，並可提高銷售量。然而，根據美國Cleveland Consulting Associates的建議，不同通路因其商品特性及作業系統之差異，需要不同的QR系統。表9-4為該協會評估食品、藥品、日用雜貨及玩具類通路推動QR策略。

表9-4　通路推動QR之重點內容

通路	食品	醫藥	日用雜貨	玩具
補貨策略	根據商品銷售狀況一對一補貨	個別產品補貨需求	根據存貨水準補貨	根據銷售量及促銷預測補貨
配送目標地	配送至D.C.和直接銷售點	配送至D.C.	視經濟規模決定配送至零售店或D.C.	大量配送至量販店，量販店可另轉運至其D.C.
配銷頻率	每天	每週	每週或雙週	每季不同配銷時程

資料來源：Cleveland Consulting Associates, "Responsiveness by Design".

2-2 有效顧客回應（Efficient Consumer Response, ECR）

　　ECR是繼QR之後，1992年起在美國開始推動，並廣為流通業推行的供應鏈效率化系統，由日用雜貨業供應商及配銷者共同合作。ECR注重去除在整體運作流程中沒有為消費者加值的成本，將原先的「Push」（推）式的系統轉變為較有效率的以銷售需求的「Pull」（拉）式的系統，使產銷流程中的每一環

節都以消費者的需求為導向,縮短商品供應流程,強調供應鏈整體效率的提升,而非單就某些個別系統的改善。統計調查報告預估美國雜貨供應鏈潛在可節省成本超過300億美金。

綜上所述,ECR的最高目標在:配銷者及供應商以策略聯盟型態共同合作開發,建構一個回應型、消費者導向的系統,以最低成本提高消費者最高的滿足。

目前QR與ECR的界線已經愈來愈模糊,當本書中提到「QR」或「ECR」時,同時意味著:「使消費者能在他想要的時間、他想要的地點、用他願意支付的價格、買到他所想要的商品或服務。」圖9-8為QR/ECR概念圖。

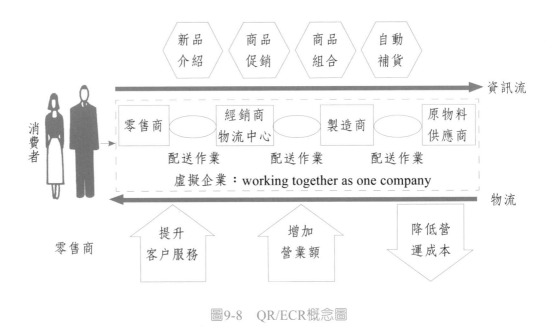

圖9-8　QR/ECR概念圖

●ECR效益

根據Kurt Salmon Associates對美國乾貨市場的分析,施行ECR前後供應鏈之作業流程自104天縮短至61天,成本結構相對改變,推行ECR後成本降低幅度高達原售價10.8%,這個數字相較於乾貨零售市場1~2%的利潤力而言,是不可忽視的影響力。圖9-9為QR/ECR之系統運作架構圖。

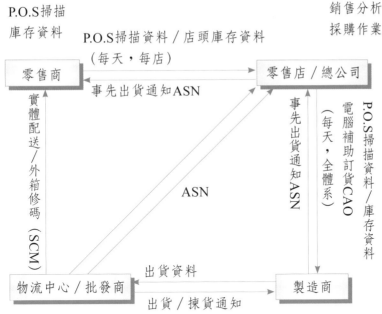

P.O.S: Point Of Sales
CAO: Computer Assisted Oredering
ASN: Advanced Shipping Notice
SCM: Shipping Container Marking

圖9-9　QR/ECR系統運作架構圖

2-3 自動補貨

一、自動補貨的意義與發展

自動補貨（Continuous Replenishment Program, CRP）指的是通路中的交易夥伴事前參考歷史經驗，雙方共同約定所交易之各品項商品之最高及最低存貨水準後，由供應端主動依市場實際銷售狀況與需求預測（由零售端即時將資訊回應予供應端），進行自動補貨作業。簡而言之，自動補貨即是一套根據下游通路業者所產生之進、銷、存資料而自動產生訂單的作業系統，其目的在維持最低庫存水準，並使客戶服務水準最大化。

茲以圖9-10表示。

圖9-10　自動補貨作業架構圖

二、導入自動補貨系統之效益

㈠對零售商之效益

1. 不須盲目堆貨,去除不必要的庫存。
2. 提高現金週轉率及資產迴轉。
3. 採購效率化。
4. 缺貨率降低,顧客服務品質提高,並可提高獲利率。
5. 進貨數量依據銷售數量,實銷實進,業務目標明確。

㈡對供應商之效益

1. 提高訂單實現比率。
2. 減少配送及相關行政(如發票更正)成本。
3. 提高品牌之市場占有率及銷售量。

§討論問題§

1. 試從供應鏈管理之角色,說明通路變革前後供應鏈夥伴之關係。
2. 試述實施QR系統可達到之目標。
3. 試述自動補貨之意義與作業架構。

第 **10** 章

顧客關係管理

第一節　行銷思潮的演進

第二節　顧客價值

第三節　顧客忠誠度

第四節　顧客關係管理應用技術

　　4-1　CRM之意義

　　4-2　一對一行銷

第五節　CRM成功案例

　　案例一　Peapod Inc.

　　案例二　Tesco plc.

§討論問題§

民生消費市場的發展自1950、1960年代的生產者與品牌導向（Brands and Manufactures Dominate）、1970年代的零售通路導向（Retailers Dominate）、及至1980年代演變為消費者導向（Consumer Dominate），「顧客」成為企業經營的核心要角。位處行銷多元化及全球化之競爭環境，傳統以價格戰及產品組合來攻城掠地、爭取市場占有率的經營策略恐難續保經營優勢，以行銷為導向的企業逐漸意識到市場及顧客資訊對行銷策略之影響層面，這些企業也多半認知到無論企業是否直接面對終端消費者，只要位居產業供應鏈之環節中，如何加強與客戶的關係，以穩定甚至拓展現有市場與客源，已經成為企業首要之務。有鑑於此，國內企業近年除積極拓展與深化和上、下游合作夥伴的關係，強化供應管理外，較前瞻的企業更進一步探討如何藉由顧客層面的操作來運作行銷活動，為經營加分、搶得先機。因之，顧客關係管理（Customer Relationship Management, CRM）成為現今企業營運的重要課題。

第一節　行銷思潮的演進

　　隨著經濟成長與產業蛻變，商業活動也在不同階段展現不同風貌。1960年代國內商業活動以供給者為主導，透過自動化技術大量生產，滿足貧乏的生活物資需求，技術的訴求在以自動化生產設備大量製造廉價商品。1975年代愈來愈多製造者加入生產行列，競爭的壓力激發出品質的概念，為求在大量生產的低利潤商場勝出，品質的差異化成為利基所在，「品牌」成為品質的標章，此時期品質管制、全面品管（TQM）是企業追求勝出的核心技術。

　　1980年代起隨著製造自動化的發展，「大眾行銷」蔚為風潮，企業在顧客需求一致的假設下，一視同仁的對待每一位顧客，此時的行銷策略重心在市場占有率的提升。當此之時，國內食品製造業龍頭統一企業在1979年以全省14家便利商店同時開幕的創舉，開啟統一集團的零售通路，更重要的是，同時也為國內零售業的連鎖化揭開序曲，國內商業活動開啟嶄新的一頁。零售業連鎖化挑戰傳統雜貨業的經營型態，資訊及通訊技術的應用為零售業提供既快速且精準的商品銷售分析，零售業者可以針對數以千計的商品進行單品管理，充分掌握商品銷售狀況，連帶的也掌握了消費者的喜好與需求，運用這些即時訊息推動行銷活動。至此，「顧客行為」開始受到提供商品及服務者之重視。然而，此階段顧客關係的建立大部分仍僅限於「大眾」或「分眾」的群組，而且也以比較被動的方式維繫，供應商關注的焦點仍圍繞在「商品」的管理面，因之

他們積極導入條碼、POS、EDI等系統來強化商品及銷售的管理，以及早掌握暢、滯銷品，並開始運用貨架管理、自動補貨及品類管理來加速商品週轉、降低存貨、提高坪效。

1995年代以後，隨著網際網路技術的成熟以及應用，商業環境的競爭愈來愈激烈，成功模式的複製亦愈來愈容易。網際網路的應用一方面使得企業對個人的行銷成本極低，企業進入此經營模式之門檻降低，另方面由於資訊化普及，資訊透明化的結果，使得消費者可以輕易取得商品價格等資訊，顧客流動率大增，企業在此十倍速的競爭中欲建立對手無法超越之競爭優勢，如何穩住並挖掘客源，成為刻不容緩之務。更重要的是，供應商在此時期除了覺悟到供應鏈夥伴協調溝通的時機已到，致力於供應鏈的整合外，另一方面，早已受到重視、卻一直受限於技術而難以施展的「需求鏈」管理，則因電子商務、一對一行銷等工具的出現，使得需求鏈的管理出現了更多的可能。透過CRM、E-Commerce等系統的運用，使得一對一行銷的商機成為業者極力開發、潛藏無限商機的新市場。無疑的，這個階段的商業活動中，「顧客成分」的重要性急遽竄升，受到賣方的重視程度也持續普及化及深化。CRM的核心概念在強調組織能否永續成長，端視企業能否和顧客發展並且維持真誠的關係，這個觀念已被愈來愈多前瞻企業所採納。

策略大師Prahalad（2000）在HBR發表提出：「企業最大的競爭優勢不是來自於產能或銷售能力，而是來自於顧客。」Kolter（2000）更直接指出CRM將成為當代行銷主流之一。「顧客至上」、「以客為尊」將不只是口號，而是企業應該奉為圭臬的經營指標。目前全球前幾大知名金融服務業及通訊業皆已導入CRM，甚至屬低交易金額的民生用品產業亦已趕上這一波CRM之風潮。1996年一項Roper Starch Worldwide調查的結果顯示，貨物分類及陳列的方式不合理就會使顧客困擾；如果他們覺得排隊等待結帳的人太多，就會轉身離去。Kathleen Seiders指出，對顧客而言，到零售店購物的方便性，指的是購物的速度及簡易程度。零售商之所以能創下優良業績，就是因為他們了解顧客的觀點，而且比顧客想的更周全。他們把到零售店購物當做一項整體性的經驗，由許多各自獨立但互有關聯的部分所組成。他從四個構面探討如何加強零售商之顧客服務，包括：接觸的便利（Access Convenience）、搜尋的便利（Search Convenience）、擁有的便利（Possession Convenience），以及交易的便利（Transaction Covenience）。Kathleen Seiders認為：「零售商若能創造『接觸』、『搜尋』、『擁有』及『交易』的便利，並且將其交互運用，就能規劃出提升便利的策略，以維持和顧客間的長期關係，將自身的競爭力提升到新層

次。」（Reference: "Attention, Retailers! How Convenient Is Your Convenience Strategy?", Kathleen Seiders, Sloan Management Review, Spring 2000, pp.79-89.）

　　根據ARC遠擎管理顧問公司（1999）針對顧客關係管理調查台灣前五百大企業結果顯示：目前台灣企業在CRM的運用上尚處導入階段，銀行業的信用卡中心為國內CRM先鋒，預計航空業、證券業、保險業及電訊業等也將前仆後繼，最後則在零售業等的共襄盛舉中，台灣產業的CRM發展將進入高鋒成熟階段。

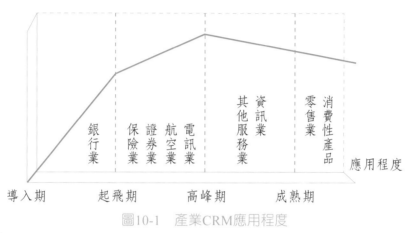

圖10-1　產業CRM應用程度

資料來源：eBusiness Executive Reporter, 1999. 11, No.3, p.11.

　　企業對顧客關係之營造已經成為今日企業成長的主動力，尤其透過電子化技術來了解CRM之質與量，已經成為新經濟時代企業核心獲利方式之一。觀察國內產業的進展不難發現，CRM之發展有其脈絡可循。以流通業為例，十年前即有零售商積極導入銷售點管理系統（POS），掌握即時銷售訊息，據此擬訂補貨策略，由單品管理掌握顧客消費動向；而五年內品類管理（Category Management）與POS系統之結合則進一步深入商品之管理；即至近年，「供應鏈管理」（Supply Chain Management, SCM）強化供應端至消費端之效率提升；而「顧客關係管理」（CRM）則為POS、品類管理、SCM等系統之整合應用，將企業經營從商品、營運體質等角度聚焦至「顧客」身上，從顧客關係管理之角度探索顧客服務之價值所在。

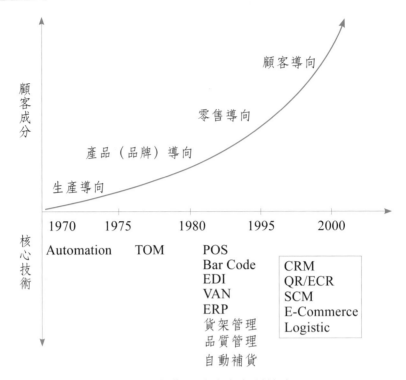

圖10-2　商業活動演進與科技應用

資料來源：電子商務，樂斌、羅凱揚，滄海書局。

第二節　顧客價值

　　在探討如何建立及管理顧客關係之前，應該先了解顧客在意、重視的是什麼？在交易過程中，什麼是顧客認為重要、有價值的因素？在工業革命之前的農業社會，所謂交易只是「財」與「貨」的交換，銷售端點只是單純的「交易」所在，雖然說此時交易的動機是「互取所需」，但此時對商品的需求僅只於滿足民生基本需要，若稱這是「顧客價值」，充其量不過是既基本與單純的。此階段若進行消費者研究，重點在分析基本的「人口統計變數」（性別、所得等）下，用什麼樣的「貨」可以交換到什麼樣的「財」，此階段稱之為第一級（初級）銷售訴求。隨著工業化社會的來臨以及通路經驗的累積，銷售訴求逐漸演化成滿足「生活功能」之所需，通路商開始研究怎樣的商品組合可以滿足消費者需要，也漸漸學會將零售店貨架之陳列依據顧客生活機能加以調整，例如，超市的生鮮品貨架會依照顧客票選食譜的內容，將相關商品陳列在一起，方便顧客選購，這是屬第二級的銷售訴求。此階段進行消費者研究的重

點在「生活型態」的調查，這時的顧客價值是「滿足顧客生活機能」，對「顧客」的定義是一個群體，仍然不是個別顧客的核心價值。第三級的銷售訴求即強調要和個別顧客內心深處的核心產生共鳴，讓顧客產生強烈的認同感。典型的例子是西式速食業的龍頭麥當勞，麥當勞的黃色M型符號喚起小朋友心中歡樂美味的認同，進而影響父母親的消費選擇。在這個等級的通路經營上，廠商重視的已經超越「人口統計變數」、「生活型態變數」等，而是進展到「生活態度」、「價值觀」、「人格特質」等深層的顧客心理，從而建立以顧客核心價值為依歸的銷售訴求。

　　「顧客核心價值」究竟是什麼呢？傳統行銷專家認為「顧客價值」是指顧客「所知覺到的收穫」相對於「所付出的代價」的比值，亦即如「物超所值」的概念；或者如便利商店提供的「顧客價值」是「便利」，因此顧客願意付出較高的價格來換取時間、地點上的便利性。近期的學者則強調所謂「顧客價值」是指「顧客的需要在『情緒』上被滿足的程度」，至於那些「需要」可以滿足顧客情緒，則因商品及服務性質的不同而有差異，必須進一步透過行銷研究與統計分析才能得到具體結論。

　　Woodruff（1997）指出「顧客價值」之特徵如下：

　　1.顧客價值必然因某種產品或服務的消費所引起。

　　2.是一種顧客主觀的感覺，非廠商所能客觀認定。

　　3.必然存在「收穫」和「代價」的比較。

　　4.在消費過程的不同階段，顧客會感受到不同的顧客價值。

　　5.顧客價值還可以進一步區分為「期望價值」與「知覺價值」。

　　依據Woodruff的看法，「顧客價值」是指顧客在消費過程中，情緒上所感受到的「事後滿足」與「事前期望」的差距，而這種情緒上的比較，涵蓋了所享用到的商品或服務的「原始屬性」（如口味、顏色、包材等）、這個商品或服務屬性所產生的「消費感受」（如解渴、清涼、酷炫等），以及消費者進行消費行為後在心靈層次的「滿足」。因此，在思考「顧客價值」時除了考慮商品及服務本身的顧客價值外，還要進一步考慮這些屬性帶給顧客的「感受」，以及這些消費背後所引發的心理意涵之「顧客價值」。

　　從企業經營角度來看，「顧客價值」涵蓋兩層意義：一為「顧客內心的核心價值」，另一則為「顧客對公司的價值」。由於企業資源有限，且深入了解顧客、發掘顧客價值須投資相當多企業資源，因之80/20的經營法則成為顧客價值管理的思考核心。所謂80/20經營法則意謂將80%的組織資源投資在最有價值的20%顧客身上，然後用剩下的20%資源照顧那些較不重要的80%顧客。

225

經此法則經營之下，對企業貢獻度低的客戶將因無法享受到更高級的服務，將逐漸移轉至競爭廠商，而高貢獻度的顧客則因日益感受到高品級的特殊服務，而終成為企業的忠實客戶。實施80/20法則之前須過濾並將顧客分類。Griffin（1995）將顧客分為八大類：1.非顧客。2.有效潛在顧客。3.可能買主。4.初次購買者。5.重複購買者。6.忠實顧客。7.品牌鼓吹者。8.沉寂顧客。

顧客價值管理的精神就在透過歷史資料的分析區分各類型顧客，然後透過策略規劃，將企業有限資源投資在有價值的顧客身上。其第一步要在茫茫人海中區分出「非顧客」與「有效潛在顧客」，也就是要找出對企業比較可能產生實質貢獻的顧客；「有效潛在顧客」與「可能買主」通常具備和公司現有顧客類似的習性與特質，因此若公司已能掌握現有顧客的習性與特質，就較能過濾掉會浪費資源的「非顧客」。當「有效潛在顧客」與「可能買主」被界定出來後，企業就可以邁入顧客管理的第二步：顧客忠誠度管理，讓「有效潛在顧客」與「可能買主」經由「初次購買者」、「重複購買者」晉級至「忠實顧客」，甚至「品牌鼓吹者」，並儘量避免形成「沉寂顧客」。

另一位學者Parasurman參考Woodruff的顧客分類，提出一個有效了解「顧客價值」的架構，他將顧客區分為四大類：「初次購買者」、「短期顧客」（重複購買者）、「長期顧客」（忠實顧客）與「沉寂顧客」（流失的顧客）。他提出觀測顧客價值的基本策略如下：

1.吸引新顧客

觀察「初次購買者」與「沉寂顧客」對商品或服務原始屬性的偏好，進而將顧客特徵與商品屬性連結，強化產品定位策略。

2.改善顧客消費經驗

觀察「短期顧客」與「沉寂顧客」對消費之感受，並據此調整目前之行銷策略。

3.加強與顧客關係

由「長期顧客」與「沉寂顧客」所獲得的關於消費背後心理意涵之顧客價值的資訊將大有助益。

4. 避免顧客流失

由「沉寂顧客」著手追究顧客流失之真正原因，並避免再犯。

5. 提升未來競爭力

針對顧客交易歷史進行行銷研究，記錄每一時點上四類型顧客之消費行為與心理特徵，累積相當時段資料後，便可分析顧客價值如何隨時間變遷，進一步掌握顧客價值。

第三節 顧客忠誠度

掌握顧客價值後，才能進行顧客忠誠度之管理，而學者專家皆強調忠誠的顧客是企業競爭優勢的主要來源。Frederick（2000）認為「顧客忠誠度」指的是「正確顧客的信任」，亦即爭取值得投資的顧客，並贏得顧客的承諾關係。而「顧客忠誠度管理」經常與「顧客滿意度管理」及「市場占有率管理」混為一談。「顧客滿意度管理」是一種「顧客態度」的管理，通常以產品屬性的層次來探討「產品績效表現」與「顧客期望」間的差距，顧客對產品及服務的觀感與態度固然值得重視，但顧客滿意的態度並一定對等於重複購買的行為。而「市場占有率管理」的目的是指企業為求擴大市場占有率，不得不採用短期策略（如降價或促銷活動）來搶奪競爭廠商的客戶，結果很容易陷入所謂的「割頸式價格競爭」。換言之，為求提高市占率，以規模取得優勢，所有競爭者極力用廣告、降價或促銷來「買取」市占率，使得消費者產生預期降價或折扣心理，最後一起陷入價格戰的惡性循環中。

反之，「顧客忠誠度管理」是一種長期策略，關心的是顧客行為是非僅止於態度，著眼於透過對顧客行為之觀察來影響顧客長期行為（重複購買）。在此觀點下，所謂的顧客價值不再僅是單次交易的價值，而是顧客的終生價值，甚至是涵括到與顧客相關聯的父母、子孫等生生不息的無窮價值鏈。Seybold（1998）認為忠誠顧客將提高企業獲利，主要原因如下：

1. 可增加基本收益

顧客關係維持愈久，從顧客身上獲得的收益愈多。

2. 可提高購買量與收入

顧客買的愈多，公司收入愈多。

3. 忠誠客戶會替公司推薦新顧客

忠誠顧客除了持續購買外，還會積極向親友推薦公司的產品與服務。

4. 忠誠客戶不須要價格誘因

忠誠客戶通常願意支付更高的費用以獲得滿意的產品及服務，無須價格或其他誘因。

至於顧客忠誠度的衡量方面，Jones & Sasser（1995）提出如下指標：

1. 再購意願（Intent to Repurchase）

指顧客未來再度購買公司產品或服務的意願。

2. 主要行為（Primary Behavior）

包括顧客最近購買的次數、購買頻率、購買金額、購買數量以及購買意願。

3. 次要行為（Secondary Behavior）

顧客願意幫公司介紹、推薦以及建立口碑等行為。

針對網路使用者，Gillespie, Oliver & Thiel提出三項衡量網站忠誠度的指標：

1. 在一定時間內拜訪網站的次數。
2. 每次拜訪網站所停留的時間。
3. 每次拜訪網站瀏覽資訊的深度。

第四節　顧客關係管理應用技術

4-1　CRM之意義

企業經營者可能經常被以下問題困擾著：

1. 人海茫茫，我的客戶在那裡？
2. 如何保有既有客戶及創造新客戶？
3. 如何重新找回流失的客戶？
4. 客戶有那些特質與習性？
5. 行銷費用昂貴，但成效有限？
6. 如何提升客戶的購買率與購買量？
7. 如何主動提供給客戶個人化的服務？

此外，他們通常缺乏下面的認知？

1. 企業八成收入來自二成客戶。
2. 企業能從交易最多的二成客戶身上賺到錢。
3. 企業能從現在客戶身上獲取九成營收。
4. 96%的不滿意客戶不會主動抱怨。
5. 平均有2%客戶升級就能使獲利增加五成到一倍。
6. 大部分企業的行銷預算都花錯地方。
7. 提高顧客保留率5%可提升企業利潤85%。
8. 將產品向新客戶推銷成功的機會只有15%，但向曾交易過的客戶推銷成功的機會有50%。
9. 若補救得當，70%的不滿意顧客仍會繼續與公司往來。

根據調查統計資料，開發一個新客戶的成本是維護一個既有客戶的五倍；一位不滿意的客戶會將受的不滿意告訴8到10人。因此，CRM的訴求概念主要源自於開發新客戶的不易，以及維持舊客戶的重要性。而CRM之運作理念即在於藉助科技力量提供有意義且精準之資訊，使企業能針對每一客戶的需求提供適當的商品或服務，避免無價值之行銷浪費、提高行銷績效，達到客製化的一對一行銷。如此一來，在同時兼顧舊客戶的滿足及新客戶的吸引下，可同時達到留住舊客戶與開拓新客戶之行銷目的，而反應在銷售成績上的，則為客戶

滿意度、忠誠度以及貢獻度等重要績效指標。

依據上述對CRM的解讀，歸納下述結論：

● CRM之定義

企業透過持續性有意義且個人化的溝通來了解和影響顧客行動，以達到增加新客戶、防止舊客戶流失、提高顧客忠誠度及貢獻度的目的。從上述CRM的內涵不難看出CRM運作終極目的即為達到客製化的「一對一行銷」，透過客製化的服務來提高顧客忠誠度。

在企業實務作業面，顧客關係管理可以進一步區分為兩個層級，第一個層級是CRM提供予企業員工更周密、更便利的客服資訊，至於如何服務與決策，須加上人為判斷，例如電話客服中心（Call Center）的小姐透過資訊系統很容易可知所服務客戶是貴賓級（VIP），卻又惡言相向；行銷企劃人員可能對客服系統分析的結果作出錯誤解讀或誤判……，如此CRM系統提供的服務就大打折扣。雖然惡言相向、錯誤解讀、誤判或許僅為特例，但不可否認這種型態的CRM系統多處於被動、輔助角色，自然會有偏頗的服務發生。倘若整個服務判斷準則及程序是由人決定後，全程交由資訊系統負責，則此時的CRM系統就化被動為主動，依據預設的條件進行互動運作，主動提供給客戶建議與服務，如此客戶服務受人為影響的情形便會降低。此CRM提供到第二個層級，即所謂的eCRM。

4-2 一對一行銷

拜網際網路之賜，行銷對象之訴求得以從「分眾」、「小眾」行銷進一步聚焦，「一對一行銷」成為網路行銷的新商機。雖然網路泡沫化之疑雲一度讓網路行銷之熱衷者緩步，然而成功案例的誘惑在不景氣中不時的提醒企業網路商機的各種可能，因之，國內企業在「一對一行銷」的潮流中，對於網路行銷的投入應該是積極中多了一份謹慎。

以下茲介紹幾項「一對一行銷」運用的技術。

一、資料探勘（Data Mining）

彙集所有客戶的歷史交易資料建置成整合性資料倉儲（Data Warehouse），再運用多層面、多維度的方式進行分析，找出相關模式，從

中了解客戶的族群屬性及消費偏好，並進一步分析潛在消費。分析出的訊息如：客戶貢獻度群組；客戶興趣、偏好群組；顧客買了包子之後，有58%機率會買香煙；有75%的顧客買了開喜烏龍茶，也會買青箭口香糖；顧客買了領帶之後，接著購買網球拍；美國中年男子在購物中心常將啤酒與尿布一起購買……，運用此方式探勘出潛在商機，再配合其他分析出的結果，推出對應的行銷企劃專案，如對於忠誠度高族群可以推出舊車換新車活動，對於低忠誠度族群則推出累積點數等優惠活動。

二、網頁型探勘（Web Mining）

網頁型探勘的原理為：行銷人員事先設定行銷優惠條件，當網友上網瀏覽達到預設條件時，螢幕上會自動出現行銷訊息。由於精確掌握客群，推銷成功機率高。

以旅遊服務網站為例，企劃人員事先與普吉島某一飯店談成100名八折住宿的優惠方案，接著在旅遊網站上設定條件：如果有網友連續在「海島休閒」屬性的網頁（如沙巴、摩里西斯、夏威夷、馬爾地夫、普吉島、關島等）上停留超過20分鐘，或者連續點選10頁以上的「南洋小島」屬性網頁，網站會自動向此網友推播（Push）一個訊息：「普吉島飯店住宿八折優待，限100名」。當網友瀏覽到此條件成立時，自然會看見這個針對其專屬蹦現的優惠訊息，表示網站了解到該網友的旅遊偏好（偏愛海島休閒），因此投其所好地自動提供優惠訊息。這種行銷方式不僅可以精確的針對目標客群進行一對一行銷，在確定客戶有一定偏好、需要及動機時，才給予適當的提示與服務，行銷成功率高，並且不會干擾到偏好歐洲或美西旅遊的網友之瀏覽程序。畢竟動不動就有不相干的廣告視窗蹦現，瀏覽的舒適性大受影響，網友在不堪其擾之下，索性關閉所有視窗，甚至連主網站也放棄瀏覽！

再以最知名、具標竿性的網路書店Amazon為例，剛開始登入身分時，Amazon網站的網頁廣告可能與一般大眾廣告無異，但是當顧客瀏覽自己有興趣的書籍網頁、CD網頁後，在網路結帳前就會出現與顧客取向接近的廣告，例如此次選購的是科幻小說，網站會自動出現科幻影片光碟推介廣告，而推介的規則也由Amazon網站的行銷人員制訂，根據當次登入後的瀏覽紀錄作為推薦標準。

Web Mining與Data Mining主要差異：
1.Data Mining是以歷史消費紀錄作為分析依據；Web Mining則是以網友

的瀏覽紀錄作為分析依據，如此可比Web Mining更能掌握興趣、偏好與動機。特別是較為理智性之消費者不輕易表露需要與偏好，而且要達一定條件與動機才會消費，若以Data Mining分析，交易紀錄有限，分析之深入程度及對客戶了解程度也較有限，此時追蹤其瀏覽網頁反而較為理想。

2. Data Mining是依據已完成之分析結果訂定行銷活動，可事先進行模擬，直到最接近預期目標才定案實施。Web Mining則是預先訂好行銷活動與規則，因為對網友客戶尚未有充分的了解掌握，不易事先推估成效，所以多採有資源限度的行銷活動，如限時間或限名額等方式實施。不過多次實施後漸掌握歷史資料，可以此作活動修正，提高活動成效與服務準確度。

Web Mining尚可進一步發揮其他功能，例如大多數網友有一定查詢與瀏覽程序，當網站偵測出某網友持續在某一區域網頁反覆瀏覽時，可能意味著他有些疑問在此網頁上找不到滿意答案，因此在他認為可能有答案的網頁中反覆搜尋。此時Web Mining可運用自動蹦現方式，提供適當的指引，如「How to buy」之類的入門指引。若是屬於已購買產品或服務的客戶甚至是VIP客戶，當碰到網頁瀏覽困惑時，為提升服務品質，可要求服務人員主動蹦現關懷訊息，如「請問是否有需效勞之處？」之類的問候，如此可提高客戶滿意度，促成更多交易。

三、網頁型調查（Web Survey）

網頁型調查的原理與網頁型探勘相同，著眼於了解顧客的訴求，並回應該訴求，提供服務或強化行銷。舉實例說明，當顧客瀏覽A電腦公司網站，進入產品網頁，瀏覽P型伺服主機的相關網頁，當顧客瀏覽此相關網頁達一定時間或頁數時，該網站主動蹦現出一個子視窗，請求瀏覽者協助填寫線上問卷，詢問顧客為何要瀏覽P型伺服主機的網頁？是為採買評估？還是為找尋支援與服務？或者純為研究？……經過一段時間調查統計後，發現「支持與服務」是顧客上此網站的主要訴求，此時企業可作出決策：持續強化此方面網頁內容，或是反過來思考補強其他功能服務的網頁。因為畢竟現階段企業投資於網頁服務之人力及預算都很有限，如果透過Web Survey了解到顧客已滿足於現有銷售人員的服務，需要經由網頁獲得的服務有限，則表示該企業無須投入太多資源於加強網頁的服務。

Web Survey與Web Mining都是在網友有一定傾向及偏好時才出現，一為無

形追蹤了解取向，另一則為有形主動詢問需求，兩者搭配運用有助於企業更快速、更深入的了解客戶，也對於尚未進行任何一筆交易、還在猶豫的客戶提供體貼的售前服務。想像當消費者一直在音響區徘徊時，業務員湊過去推介解說時，現場因直接面對面而造成的尷尬與不自在，而這種面對面的窘境在Web Survey及Web Mining的場景中是不可能出現的，這正是Web Survey及Web Mining的獨到之處，對售前、售後之支援等服務皆可提供協助。

四、虛擬客服中心（Virtual Call Center）

許多國外網站提供文字傳訊的線上服務，而「線上即時傳訊」是在遠端有實際的服務人員與顧客對話，至多服務人員手邊有FAQ（常見問答集）與客戶相關資料來輔助問答，因此這只能稱得上實體Call Center的數位化翻版，只是將語音改為數位文字，終究仍以人為操作服務居多，稱不上是eCRM。然而，這種服務方式已逐漸無法滿足顧客需要，主要因為服務人員有固定上班時間，若要在上班時段外持續提供線上服務，公司必得有編列輪班預算。但隨著企業全球化營運的需要以及消費者習慣隨時隨地上Internet服務時，對於沒有24小時的全天候線上即時傳訊服務是難以接受的。

圖10-3　分析式CRM將企業內各系統、各部門之客戶資料歸納分析，可拼湊出客戶的完整消費輪廓與屬性

針對這個問題，有些跨國性企業開始運用時差方式來填補服務的缺口，其做法為：假若台灣的客服人員已經下班，但印度或中東的跨國分公司仍在營業，資訊系統會自動將顧客詢問的訊息移至最接近的跨國單位來處理代答，顧客無法感受到遠端服務人員是在何處提供服務，對他而言，接受到的服務與之前並無兩樣，這種服務方式稱之為虛擬客服中心（Virtual Call Center），只要能提供同品質、同反應速度的應答，服務人員所在地並不具意義。當然，這種服務可能有語言的障礙要克服。

前文介紹之各項技術，企業運用之前須先就企業所屬行業別及客戶群進行評估。以百貨業為例，其客戶群恐尚有許多未接觸過網頁，若冒然導入eCRM，其所能服務的客群將非常有限。銀行業也有很多相同之處，因目前行動上網尚未普及，客戶仍以電話尋求金融服務居多，此時導入eCRM之成效也是有限。因此，百貨業適合先投資於郵寄型錄之行銷管道，銀行業則可投資建置電話Call Center，至於C2C的二手仲介、E*TRADE線上證券交易、Amazon的B2C零售交易以及電子交易市集（eMarketplace）等業者，因其客群已大部分使用Internet，所以導入自動化的一對一行銷工具可望為企業帶來極高的效益。

第五節　CRM成功案例

案例一　Peapod Inc.

所在地：美國伊利諾州。

業態別：採會員制之虛擬生鮮超市。

創立時間：1989年。

一、特色節介

全世界最大、最出色的網際網路生鮮超市，1996年起積極發展，當年會員人數一萬兩千餘人，到了1997年，會員人數直逼五萬人，1998年年營業額近7千萬美元，隨時可提供五萬品項的商品，配送範圍涵蓋美國八大都會區，目前會員人數超過十萬人。

二、目標市場

職業婦女。

三、交易流程

顧客輸入代號與密碼後進入網頁，在螢幕上循貨架「逛超市」，找到想買的商品後，直接點選、輸入購買數量，網頁上會自動將顧客選購商品數量明細列出，並加總購買金額，選購完畢按下結帳鍵便完成採購。顧客可選擇至臨近超市提貨，或由Peapod提供宅配服務。

四、服務特色

1. 所有商品皆提供明細標示，包括熱量與營養成分，部分商品還有彩色圖片可供參考。
2. 網頁具超鏈結（Hyperlink）功能，顧客可任意在不同貨架間跳躍選購。
3. 在採購過程中，顧客可依據個人事先擬定、儲存在Peapod主機上的「典型」採購清單進行採購。
4. Peapod記錄顧客採購資料，並於顧客每次進行採購時，自動為顧客找出他以前的採購清單，方便顧客採購參考，大大縮短上網採購時間。根據統計，在一般生鮮超市平均約一個半小時完成115美元的採購，在Peapod只需花費20分鐘。
5. 由於資訊系統隨時監視顧客採購清單，當採購清單出現兩件以上的商品與某項廣告或促銷活動有關時，網頁會自動蹦現相關廣告訊息，亦即藉由對顧客即時行為的觀察，Peapod可以提供互動式廣告。

五、CRM系統運作

㈠建立基礎資料

Peapod建置產品資料庫（高達五萬種品項），並提供網頁瀏覽空間供顧客上網採購。

㈡資料蒐集

1. 會員加入時登錄基本資料。
2. 每一筆顧客採購資料，包括會員編號、採購時間、品項、數量、瀏覽順

序、停留時間、對網頁上互動廣告的反應、瀏覽頁面等。

㈢資料倉儲與流通

由於交易資料量龐大，Peapod利用兩群伺服器來存放資料。

1.交易伺服器

交易明細資料在此保留十天，保留期間利用這些資料和上游供應商及合作的專業物流公司進行資料交換（EDI），一方面提供單品採購清單予上游供應商進行下單動作；另方面將揀貨清單及配送指示交予物流公司進行揀貨及配送。同時藉此掌握配送進度與狀況，方便顧客追蹤查詢。

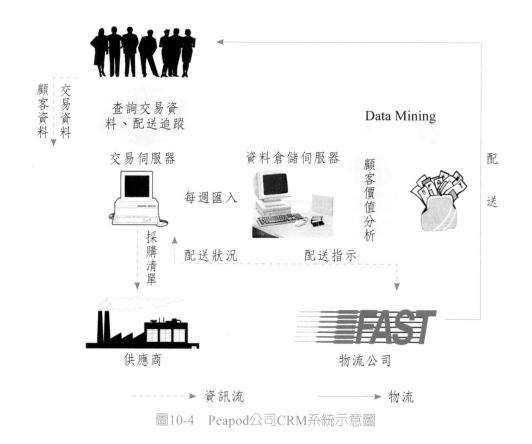

圖10-4　Peapod公司CRM系統示意圖

2.資料倉儲伺服器

每週將交易伺服器內累積的資料過濾、彙總後，以「資料表」的形式匯入於「資料倉儲伺服器」中。

㈣資料探勘

　　分析顧客進入Peapod後在網頁間的「瀏覽順序」與「停留時間」，可以作為「實體貨架布置」的參考。若再加上顧客人口統計變數資料進行交叉分析，可以成為實體商店進行市場區隔與商店定位的參考。將交易客單價、採購品項、採購頻次和人口統計變數一起進行交叉分析，可以獲得有價值資訊提供策略擬定之參考，如可對顧客進行ABC分類，找出最有價值之客群進行「忠誠度計畫」。

案例二　Tesco plc.

所在地：英國。

業態別：大型生鮮超市連鎖老店。

創立時間：1956年成立第一家生鮮超市。

一、特色簡介

　　1956年起一直是英國超市連鎖的老二，然自1995年2月導入「顧客價值管理系統」之後，奇蹟似的自當年年底開始稱霸英國，至今仍是英國此業態的龍頭老大。Tesco店內以開放式陳列為主，食品類約兩萬五千種，非食品類一萬七千種。截至1998年底，Tesco在英國境內有586家店，另有196家店散布在歐洲其他國家，年營業額178億英鎊，稅後淨利5億5百萬英鎊。

二、忠誠度計畫

　　自1995年2月起全面實施「忠誠卡」（Loyalty Cards），透過顧客申請忠誠卡，蒐集顧客身家資料（人口統計變數），同時利用刷忠誠卡消費結帳的方式蒐集顧客交易資料。忠誠卡對消費者的誘因是可以累積消費點數，每季可以折換優惠券，於下次消費時折抵應付金額。經由這個計畫，Tesco已經累積超過1,000萬位有效會員（Active Members），每季寄發800萬封紅利積點信函（占英國三分之一家庭數），這些信函包含了1,800種不同信函內容或形式，以確保信函的效果。而計畫推行前後，Tesco在英國食品零售市場的市占率由1995年的10.4%進展到1998年的15.2%。

三、資料倉儲與探勘

1. 蒐集、整理交易明細資料並進行各種交叉分析,針對客單價與來電頻次進行分析,找出最有價值的客戶,再運用80/20法則推行促銷活動。將顧客價值分類和採購品項以及人口統計變數進行交叉分析,可進一步針對特定品類的目標客群進行深度觀察。

2. 進行資料探勘,由系統列出「過去從未購買『孕婦營養補充劑』」,但是「最近三次消費中曾購買過類似品項」的顧客清單,據此可粗略判定這些顧客家中可能有嬰兒即將誕生,所以可將之列為嬰幼兒相關商品的潛在客群,相關促銷活動及廣告信函可以更準確的傳遞到顧客手中。

§ 討論問題 §

1. 請略述行銷思潮演進的重要階段。
2. 何謂顧客價值?試簡述之。
3. 顧客忠誠度為何可提高企業獲利?
4. 試舉例說明CRM技術在行銷之應用。

流通業相關證照及學程

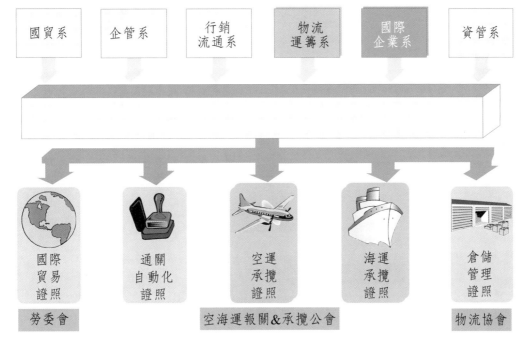

流通業相關事業證照與技專校院科系關聯

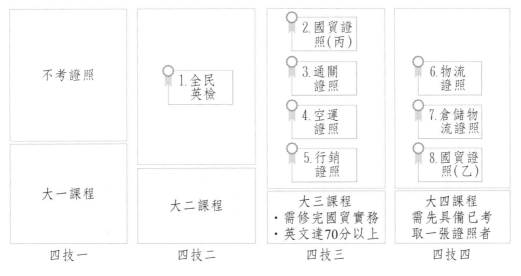

各階段考照安排

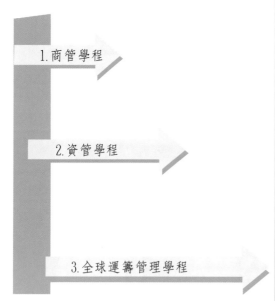

1. 商管學程

2. 資管學程

3. 全球運籌管理學程

| 電子貿易 |
| 電子報價、訂單、採購、貿易文件、航空船務、進出口統計 |

| 電子通關 |
| 出口簽押文件，進出口空海運報單，電子通關傳送接收C1/C2/C3 |

| 運輸物流 |
| 空運承攬、訂位、提單、船單、帳單、海運承攬、報價、進口、進出口統計 |

| 物流倉儲 |
| 進倉、儲位、上架、庫存、揀貨、加工、出倉、運送、計費、統計 |

| 智慧運籌物流 |
| 電子報價、貨況追蹤、電子資料交換、電子帳單、BI商業智慧、Hub、EIP |

「全球運籌物流」學程設計

1.	通關自動化導論	/ 6小時
2.	出口關務實務及流程	/ 6小時
3.	進口關務實務及流程	/ 6小時
4.	保稅通關作業	/ 3小時
5.	出口文件及報單實作	/ 9小時
6.	進口報單及流程實作	/ 3小時
7.	EDI傳送及通關資料庫查詢	/ 3小時
8.	總複習班	/ 3小時
9.	證照考試	/ 3小時

合計：42小時

課程大綱範例——通關自動化

1. 物流管理導論
2. 資訊管理導論
3. 運輸管理
4. 倉儲管理
5. 庫存管理
6. 倉儲管理系統上機實習
7. 總複習
8. 證照考試
合計：90小時
（分上下學期，2張證照）

• 就業學程或證照學程範例
　－60%　學科—業界師資
　－30%　術科—上機實習
　－10%　參訪及分組學習
　　報告—（作為成果發表）

課程大綱範例——ILT第一級運輸物流管理

Reference
參考文獻

一、中文部分

1. 經濟部商業司，《1996國際商業物流管理研討會論文集》，1996年1月。
   《商業加值網路應用專輯》，1996年10月。
   《商業資訊流通標準》，1994年1月。
   《商品條碼教育訓練專輯》，1996年10月。
   《商品條碼作業實務手冊》，1994年3月。
   《商品條碼應用手冊》，1993年3月。
   《流通觀念入門》，1993年3月。
   《EDICOM'94論文集》，1994年11月。
   《物流中心的訂單處理》，1994年9月。
   《物流中心資訊系統概論》，1994年9月。
   〈商業自動化〉相關成果發表、研討會講義，1996年，1995年。
2. 技職教育商業自動化教師研習營商業自動化相關講義，教育部，1996年。
3. 《國民經濟動向統計季報》，行政院主計處，1999年8月。
4. 《中華民國產業自動化計畫》，行政院產業自動化指導小組，1994年1月。
5. 〈商業自動化相關成果資料〉，行政院產業自動化執行小組秘書室輯錄，1997年10月。
6. 賴杉桂，《我國商業發展現況與趨勢》，商業現代化雙月刊，1995年7月。
7. 王士峰，王士紘，《商業自動化》，1996年1月。
8. 郭再添，簡進嘉，《商業自動化導論》，1996年1月。
9. 王培元，「e-Business電子高等環境與架構實例」，經濟部商業司QR/ECR應用研討會，2007年5月。
10. 黃營杉，方文昌，《商業自動化理論與實務》，1996年10月。
11. 甘薇璣，《快速回應系統——QR篇》，自動化季刊，1996年10月。
12. 「2006新興服務業產官學大論壇暨技專校院服務業研發成果展」流通服務業分組講義，2006年10月。
13. 謝致慧，《賣場規劃與管理》，五南，2006年10月。

二、英文部分

網站：

1. YAHOO新聞，2006,http://tw.news.yahoo.com/article/url/d/a/061120/1/6s2i.html
2. 盛盈射頻，2006, http://www.3gensue.com/
3. SamQ簡訊銀行，2006,http://www.samq.com.tw/main.php?page=rfid.htm#title1
4. 中華民國商品條碼策進會，2006, http://www.gs1tw.org/twct/web/a002.html
5. www.alanfong.com

國家圖書館出版品預行編目資料

商業自動化／周春芳著.
--初版.—臺北市：五南，2007[民96]
面；公分
ISBN 978-957-11-4690-4（精裝）
1.商業－自動化　2.電子商業
490.29　　　　　　　　96003490

1FPY

商業自動化

作　　者 — 周春芳(110.1)

發 行 人 — 楊榮川

總 編 輯 — 王翠華

主　　編 — 張毓芬

責任編輯 — 吳靜芳　劉芸蓁

封面設計 — 鄭依依

出 版 者 — 五南圖書出版股份有限公司

地　　址：106台北市大安區和平東路二段339號4樓

電　　話：(02)2705-5066　傳　真：(02)2706-6100

網　　址：http://www.wunan.com.tw

電子郵件：wunan@wunan.com.tw

劃撥帳號：01068953

戶　　名：五南圖書出版股份有限公司

台中市駐區辦公室/台中市中區中山路6號

電　　話：(04)2223-0891　傳　真：(04)2223-3549

高雄市駐區辦公室/高雄市新興區中山一路290號

電　　話：(07)2358-702　傳　真：(07)2350-236

法律顧問　林勝安律師事務所　林勝安律師

出版日期　2007年 7 月初版一刷
　　　　　2013年10月初版三刷

定　　價　新臺幣380元